新型农民农业技术培训教材

设施果树栽培实用技术

● 刘百军 主编

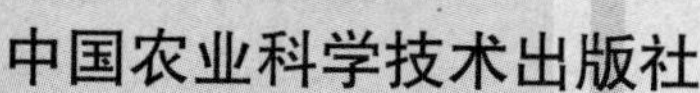
中国农业科学技术出版社

图书在版编目（CIP）数据

设施果树栽培实用技术 / 刘百军主编 . —北京：中国农业科学技术出版社，2011. 10

ISBN 978 - 7 - 5116 - 0674 - 7

Ⅰ. ①设… Ⅱ. ①刘… Ⅲ. ①果树园艺 - 设施农业 Ⅳ. ①S628

中国版本图书馆 CIP 数据核字（2011）第 192238 号

责任编辑 贺可香 姚 欢
责任校对 贾晓红 郭苗苗

出 版 者 中国农业科学技术出版社
北京市中关村南大街 12 号 邮编：100081
电 话 (010)82106636(编辑室) (010)82109704(发行部)
(010)82109709(读者服务部)
传 真 (010)82106624
网 址 http://www. castp. cn
经 销 者 各地新华书店
印 刷 者 中煤涿州制图印刷厂
开 本 850mm ×1 168mm 1/32
印 张 4. 25
字 数 100 千字
版 次 2011 年 10 月第 1 版 2011 年 10 月第 1 次印刷
定 价 12. 00 元

《设施果树栽培实用技术》

编委会

主　编　刘百军

副主编　李建民　王道丽

张晓鑫　娄本琴

前　言

果树设施栽培就是利用日光温室、塑料大棚等设施，人为地为果树创造特殊可控的小区环境，以达到果品生产目标的人工控制。

本书除了对日光温室、塑料大棚等设施的建造给予了介绍以外，还详细介绍了设施果树栽培的各个关键技术环节，具体阐述了桃、杏和葡萄的设施栽培技术。尤其应该指出的是，针对现实种植过程中常见的果树病害问题，本书设专章对设施果树的病虫害防治给予讲解。

全书语言通俗易懂且不失科学性，并配以图片，使之图文并茂，讲解清晰细致。不但是广大果农不可或缺的“好助手”，也是果林科学爱好者以及工作者的“枕边书”。

但是限于水平，加之时间仓促，书中的错误之处在所难免，望批评指正！

目　录

第一章　果树栽培与设施果树栽培概述

第一节　果树生产的现状、存在的问题和发展的趋势

一、我国果树生产的现状

以中国苹果产业突起为代表的中国果品产业，早已使中国成为世界第一果品生产大国，果品年总产量已突破9 000万吨，占世界总产量的15%。果园面积超过1 000万公顷。据最新统计至少已有9种果品产量稳居世界首位，这9种果品分别为苹果、梨、桃、荔枝、龙眼、柿子、枣、草莓、猕猴桃。

虽然，出口量仅占生产总量的5%。但是中国果品出口已遍迹世界各大洲。2007年全国果品出口总量为495万吨，比2006年增长28%，出口额43亿美元，比2006年增长45%。

2007年水果出口477万吨，比2006年增长29%，出口额37亿美元，比2006年增长51%。其中鲜冷冻水果出口246万吨，比2006年增长24%，占水果出口总量的51%，出口额12亿美元，比2006年增长38%。

2007年水果汁出口113万吨，比2006年增长53%，占水果出口总量的24%，出口额13亿美元，比2006年增长102%。

2007年水果罐头出口65万吨，比2006年增长22%，占水果出口的14%，出口额5亿美元，比2006年增长27%。

2007年其他加工水果出口54万吨，比2006年增长21%，占水果出口总量的11%，出口额7亿美元，比2006年增

长28%。

2007年鲜苹果、鲜柑橘、葡萄、桃子、梨五大水果出口增长；香蕉和猕猴桃出口下降。2007年苹果汁和鲜苹果出口都首次突破100万吨，出口罐头中柑橘罐头是主打品种，但梨、桃、菠萝罐头出口业绩都明显增加。

2007年鲜苹果出口达到创纪录的100万吨，比2006年增加20%。2008年鲜苹果出口115万吨，比2007年增长15%。以出口俄罗斯最多，为23.6万吨，印度尼西亚其次，为11.3万吨，泰国8.7万吨，菲律宾8.1万吨，出口欧盟诸国共3.4万吨。

2008年鲜苹果出口仍以山东最多，达53.4万吨，出口量占全国苹果出口量的46%，出口量第二名至第七名依次为新疆维吾尔自治区（以下简称新疆）、黑龙江、辽宁、广西壮族自治区（以下简称广西）、广东、陕西。

鲜梨几年来变化不大，2006年出口37.5万吨，出口金额1.5亿美金，均价394美元/吨。梨的总产量虽以河北为多，但以出口计的前三位分别是山东9万吨，河北8万吨，广东6.7万吨。从出口国家来看，印度尼西亚7万吨，俄罗斯4.7万吨，马来西亚4.3万吨。

二、我国果树生产中存在的主要问题

尽管几十年来，我国果树生产取得了显著的成就，但与世界上果树生产发达国家相比，仍存在着较大的差距，主要表现在以下几个方面。

（一）果树生产大小年现象突出，单位面积产量低

尽管少数果园单位面积产量很高，就全国整体范围来讲，果树平均产量仅为6.2吨/公顷。

（二）大部分果品质量差，在国内和国际市场竞争力弱

近几年，果树生产者的质量意识有所加强，果品质量有较大提高，少数果品与国际同类果品相比，几乎没有差别，但全国果品生产的整体水平低，质量差。尤其是外观品质（如形状、大

小、着色和整齐度等）低劣，从而导致我国果品在国内市场上售价低，在国际市场上缺乏竞争力，并且出口少。

（三）大宗水果发展过快，果树生产的树种和品种结构不尽合理

像南方柑橘等大宗水果面积增长过大，出现了相对过剩现象，而部分时令水果的生产不能满足市场需求。此外，果树的品种过于单一，往往集中在少数品种上，成熟期过于集中，给销售带来很大压力。果树生产的区域化程度差，机械化程度低。缺乏集约化栽培，果树生产的经济效益差。果品产后商品化处理水平低，储藏运输和加工条件落后，鲜果的周年供应能力差。现有的储藏和加工能力与我国果树生产现状极不适应，此外，还缺乏现代化分级包装机械和冷藏运输设备。

（四）缺乏高效的技术推广体系，对农村果树技术人员的培养及科学技术普及不够，果树生产的整体水平低下

借鉴国外果树生产发展的经验，提高我国果树生产的水平，增强我国果品在世界市场上的竞争力，实现果树的高效益生产，将是我国果树生产长期而艰巨的任务。果树的丰产优质是实现这一任务最基本的保证。为了实现果树高效益的生产目标，应积极调整果树树种和品种结构，加强布局和宏观指导，进行果树的区域化和良种化生产；要注重科技成果的转化，加大果树集约化生产过程，加大果树储藏保鲜和冷藏运输技术的研究和开发，努力提高果品采后商品化处理的水平，切实提高加工能力，提高果树生产的附加值。

三、我国果业发展的趋势

（一）良种选引和种苗产业化

在继续开展果树常规育种的同时，要应用现代生物技术手段，培育出适应国际市场需求的优质高产、高抗多抗、耐病虫新品种。同时，积极从国外引进珍稀果树良种，并加快本土化进程。

目前，国家投资选建一批国家、省、县级果树苗木脱毒繁育中心，三级种苗产业化工程建成后，我国将建有十分完善的果树良种苗木生产技术体系和质量管理体系，实现良种苗木规范化、规模化和无病毒化生产和社会化服务，为果业发展提供优良健康种苗。

（二）推行优质安全生产技术体系 IFP（Integrated Fruit Production）

生产优质、安全果品，最大可能地减少化学物质的使用及其副作用，以促进生态环境的改善和保护人类健康。IFP 已被世界上越来越多的国家所接受。IFP 水果生产技术体系涵盖了果品生产的全过程，其主要栽培技术包括以下几个方面。

①矮密化栽培。推行矮密短周期栽培，实现早果、丰产及易管理、果品质量好等生产目标。

②简化树形与整形修剪。

③土壤和肥水管理更趋精确化。以土壤营养分析为基础，以叶分析为主要依据，建立计算机推荐施肥技术体系。减少化肥施用量，提高化肥使用效率。施肥、灌溉实行机械化、自动化。

④花果管理，严格疏花疏果、果实套袋、摘叶转果、树下铺反光膜和分批采收技术等。

⑤病虫害综合防治，主要是推广果园病虫害综合防治技术体系，优先采用物理、生物等保护生态环境的措施，尽可能减少化学农药的使用，禁止使用高毒或剧毒农药和除草剂。

（三）推进果品商品化处理和储运技术

研制和引进果品采后商品化处理、储藏加工技术及设备，实现果实清洗打蜡、分级包装、入冷库流水线作业。建立健全果品采后处理技术体系和从产地到销售市场的冷链技术体系；研究或优化集成果品深加工新工艺，生产适销对路的加工制品。

（四）果品生产和市场销售的信息化

重视和加强果品生产和市场信息体系建设，使生产者和销售者快速、准确获取国际技术信息和市场信息，确保果树产业获取较高的利润。

（五）果树生产的产业化与组织化

鼓励并扶持果农建立合作组织或果农协会，形成以合作组织或协会为纽带，以企业+中介组织+基地（果农）的组织化形式进行果树产业化开发，达到进一步加快果树生产产业化和组织化形成过程。

第二节　设施果树发展的意义、现状和趋势

果树设施栽培技术是指利用温室、塑料大棚或其他设施来改变或控制果树生长发育的环境因子（包括光照、温度、水分、二氧化碳等），达到特定果树生产目标（促成、延迟、改善品质等）的特殊栽培技术。

果树设施栽培不同于露地栽培，由于在设施栽培条件下，随着温度、湿度、光照、二氧化碳等环境因子的改变，果树的生长发育过程发生变化，必然导致在这一特殊栽培形式下，果树从品种选择、栽培模式、整形修剪、树体调控、环境调控、肥水管理到病虫害防治等一系列技术不同于露地栽培技术。

一、果树设施栽培的意义

果树设施栽培是日渐兴起的果树栽培学的一大分支，作为果树露地自然栽培的特殊形式，符合三高农业要求，在农业经济发展中有重要意义。

（一）充分利用土地和冬闲劳动力，果品淡季上市，提高经济效益

设施农业在人工控制环境条件下，生产不受季节限制，一年四季都能生产，改冬闲为冬忙，充分利用劳动力。尤其在北方地区，无霜期短，冬春季寒冷，露地无法从事正常的果树生产，利用温室、塑料大棚或其他设施来改变果树生长发育的环境条件，

达到果树生产目标的人工调节，从而获得比露地高出几倍甚至几十倍的经济效益。日光温室草莓生产鲜果上市时间从 12 月中旬至翌年 4 月下旬，始期上市每千克价 30 元以上，平均每千克价 10～12 元，每亩（1 亩≈667 平方米；15 亩＝1 公顷。全书同）收入万元，最高可达 2.6 万元。葡萄不仅可一年四季收获，还可与草莓、蔬菜作物间作。杏能在 3 月份上市，其每千克价格都要比露地高出 5 倍以上。例如，日光温室油桃栽培 400 平方米，定植油桃 280 株，4 月份油桃全部上市产量 320 千克，市场批发价 25～28 元/千克，产值 3.4 万元。草莓和其他果树间作，果树间作蔬菜，充分利用空间，使有限的土地资源得到充分利用。

（二）预防自然灾害，扩大果树种植区域

通过人工控制环境，可以避免不良环境对果树造成的不利影响。我国南方的广东、福建、广西壮族自治区（以下简称广西）、浙江等地区夏季高温多雨，利用遮阳网等设施，进行降温、避雨，避免直射光过强、多雨季节给果树生产带来的不利影响。日本近些年来由于采用了设施栽培和避雨措施，欧亚种葡萄品种数量和栽培面积逐年增加，“甲斐路系”、“赤岭”和“奥山红宝石”等红色品种及“意大利”、“拉查玫瑰”等绿色品种受到重视。在日本，因梅雨影响，树体易感染穿孔性细菌病和果实腐败病，采用避雨设施栽培有良好的防病效果，同时，还能有效地促进早熟和提高品质，日本果树就是从最初以防雨、防风为目的，逐渐发展成为以早熟栽培为目的的设施栽培。

通过人为的控制环境，可使一些热带和亚热带果树向原产地以北迁移，使温带果树向寒带地区迁移，扩大其种植的范围。

（三）周年供应鲜果，提高商品质量

随着人民生活水平的提高，消费习惯的改变，人们对水果需求由数量型向质量型转化，在水果供应的淡季，只靠耐贮藏的少数几种水果已不能满足消费者的需求，要求有更多的新鲜果品均衡上市。一些从外地调运的果品常常由于路途较远，运输机械、运输条件简陋，包装措施跟不上需要等原因，途中碰、压、伤、挤、冻等在所难免，不能保证鲜果上市，设施栽培生产果品弥补了上述缺点，保证新鲜果品周年供应。

（四）充分利用光热资源，为广大果农脱贫致富开辟了一条新途径

以塑料薄膜为透明覆盖材料，接收、储蓄太阳辐射能，选用各种保温材料晚间覆盖保温。在我国北方冬春季节不加热的条件下进行果树生产，充分利用冬闲劳动力，实现人尽其力，物（光照）尽其用，为农民发财致富、奔小康开辟了一条新途径，提供了一项新技术。

二、设施果树栽培的现状

目前，果树设施栽培的树种仅限于几种不耐贮运的“短腿”果品，栽培获初步成功的树种以草莓和核果类为主，包括草莓、葡萄、桃、油桃、杏、樱桃（包括中国樱桃、西洋樱桃）、柑橘。其中草莓栽培面积最大，占 85%，葡萄、桃、油桃次之，其他树种仅是试验性的零星栽培，还未形成规模化商品生产。

我国设施果树生产发展迅速，但与先进国家相比，在生产技术、配套措施等方面还有较大差距。主要问题有以下几个方面。

（一）设施栽培树种方面

设施栽培树种结构不合理。草莓面积偏大，葡萄、桃发展面积过猛，樱桃、杏、李发展速度缓慢，而设施梨、苹果、柿、枣、猕猴桃等尚少有发展。由此造成市场供应不平衡，有些品种开始滞销，价格下跌、效益降低。

（二）品种资源方面

适宜设施栽培的品种少、单调，缺乏配套的系列化品种，不适应栽培品种多样化的要求。对多数品种来说，某些生物学习性（如休眠期、需冷量、花粉育性、花粉发芽力、适宜授粉组合、自花结实等）有待进一步研究，因此，生产中扣棚升温的时间带有很大的盲目性，量化管理困难，造成坐果率低、产量低的

问题。

（三）设施结构、材料方面

设施结构老化、落后、不规范。多数设施简陋，对光照、温度、湿度等环境因素调控能力差；缺乏果树设施专用棚膜，棚膜透光、透湿、保温、弹性、抗老化性等都不适应果树设施栽培的要求；保温材料多为传统草苫，保温性能差、沉重、不耐用，易造成棚膜破损。

（四）栽培技术方面

目前，我国果树设施栽培缺乏系统指导果树设施栽培的技术规范，许多地方沿用露地栽培技术或农民在生产中采用的“土办法”。需要完善的技术包括：满足需冷量打破休眠技术；授粉与提高坐果技术；越冬、越夏及树体、土壤管理技术；规范化整形修剪技术；保护地栽培环境条件及设施内环境因素调控技术；解决授粉困难、坐果率低、产量低等问题的相应技术措施。

（五）果品质量方面

畸形果比率高，果实整齐度差；含糖量下降，风味淡；果实采后易软化，耐贮运性差。

（六）产业化发展方面

由于果树设施栽培高投入、高产出、高技术含量、高风险的特点，决定了走产业化发展是现代果业发展的必由之路。但目前我国的果树设施栽培仅重视生产环节，对果品采后的包装处理、销售和市场运作等不够重视，尚不能实现产业化发展。

三、果树设施栽培的发展趋势

（一）果树设施栽培的设施结构方面

目前，大多数果树设施仍沿用蔬菜大棚的结构，以冬暖式大棚（单斜面式、双拱式塑料大棚）为主。这些棚架虽然结构简单、成本低、投资少、保温性能好，但存在着明显的缺陷，如空间利用率低、光照不良且分布不均，操作费时、费力，抗性差，抵抗自然灾害能力低。因此，必须积极研究适合我国国情的设施结构，即小型化、功能强、易操作、成本低、抗性强的适合果树生产的大棚结构。另外，还应选择适宜的覆盖材料、棚型结构。

（二）因地制宜确定果树设施栽培优质高产的关键技术措施

在了解设施保护条件下的果树各树种、品种生长发育特点的基础上，因地制宜确定适合不同品种、区域保护地栽培的关键技术措施。

1. 低温需求量

落叶果树都有自然休眠的特性，如果需冷量不足，没有通过自然休眠，即使扣棚保温，果树也不能萌芽、开花；有时尽管萌芽、开花，但不整齐，坐果率低。因此，生产中应掌握果树品种的低温需求量，为准确的扣棚时间提供依据。同时，要研究自然休眠机制，寻求正确的破眠技术和低温替代物质。

2. 限根生长、计划更新

棚栽减弱了光照，设施内光照仅为自然光照的60%～70%；其间的树体徒长又会进一步恶化个体或群体光照，采用限根技术可以控制树体旺长。限根技术主要有起垄栽培、浅栽、底层隔绝、容器限制等方法。另外，长期连续棚栽会削弱树体，使其贮备养分少，花芽分化少而且不充实。因此，设施果树要适时更新，提高效益。

3. 重视和提高果品质量

在一般情况下，对果品质量重视不够，主要表现为经设施栽培后，果体变小，含糖量低，风味变淡，着色较差。除与品种特性有关外，与生产管理技术也有很大关系。在设施栽培面积逐渐扩大、市场竞争激烈的情况下，应切实加强质量管理。

4. 加强树体综合管理技术的研究

包括授粉、整形修剪技术、土肥水管理技术、病虫害综合防治以及间作、除膜、采收后的越夏问题等。

（三）完善设施内环境因素的调控措施

果树进行设施栽培，其设施为果树创造了特殊的环境，其中，温度、湿度、光照、二氧化碳浓度与土壤性质对果树的影响较大。这些因素调控的适宜与否，是决定设施栽培是否成功的关键。目前我国的环境调控技术较之先进国家还有差距，仍沿用温度高了开棚放风、旱了浇水喷雾等老办法，缺乏机械化、自动化设备。因此，应大力完善设施内环境因素的调控，尤其应加强对果树不同发育时期适宜环境条件的调控机理的研究。

第二章　设施果树栽培的主要设施及其建造

第一节　日光温室及其建造

日光温室是一种比较完善的保护地形式，由地基和基础、墙体和骨架、覆盖物和加温设备（高效节能日光温室一般无）等构成。它对温、光、水、肥、气等植物所需的环境条件控制能力强，设备较完善，但投资较大，生产中常用的日光温室大多数都是单窗面日光温室。单窗面日光温室通常可以分为普通日光温室和高效节能日光温室。普通日光温室在寒冷季节，需人工加温来保持温度、进行生产。高效节能日光温室是在普通温室的基础上，在保温贮热和透光能力方面优化棚形结构而成，它具有良好的采光、贮热、保温、防寒性能，而且空间大、操作管理方便，冬季不需人工加热就可进行生产。20 世纪 80 年代末期，在辽宁省的瓦房店出现了一种“琴弦式”日光温室，在北纬 40°地区不加温即可进行冬春季黄瓜生产，这是我国设施园艺史上的一个重大突破。山东省寿光市科技人员，在这种温室结构和技术的基础上又进行了一系列的改进，使其进一步完善，取得了可喜的成果，树立起集约高效农业的样板。此类温室以后迅速向东北、华北及中原地区推广，生产领域逐年拓宽，目前，已进行各种蔬菜生产，而且也应用于西瓜、甜瓜、花卉和多种果树的种植及食用菌的生产。

一、日光温室的主要类型及构造

（一）普通一斜一立式塑料薄膜日光温室

1. 结构

跨度 6～8 米，矢高 2.8～3.5 米。后墙用土或砖石筑成，高 1.8～2.0 米，后坡长 1.5～2.0 米，后坡用秫秸箔、草泥覆盖（图 2－1）。

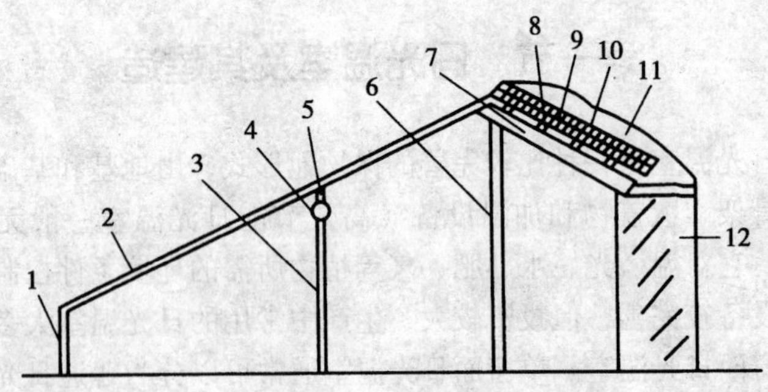

1. 前立窗；2. 木杆或竹竿骨架；3. 腰柱；4. 悬梁；5. 吊柱；
6. 中柱；7. 柁；8. 檩；9. 箔；10. 草泥层；11. 防寒层；12. 后墙

图 2－1　普通一斜一立式塑料薄膜日光温室

2. 特点

采光好，升温快，保温较好，结构简单，造价低，空间大，作业方便，而且便于扣小棚保温。

3. 适用范围

适用于各地区秋、冬、春季桃、葡萄、樱桃等果树栽培。

（二）琴弦式塑料薄膜日光温室

1. 结构

跨度 7～8 米，矢高 2.8～3.0 米。水泥预制中柱。后坡高粱秸箔抹水泥，后墙高 2～2.6 米，后坡长 1.2～1.5 米。前屋面每隔 3 厘米设一道直径 5～7 厘米粗的钢管或粗竹竿横架。在横架上，按 40 厘米间距拉一道 8 号铁丝，铁丝两端固定于东西墙外基部，在铁丝上每隔60厘米设一道细竹竿做骨架，上面盖塑料薄膜，压细竹竿，用细铁丝固定在骨架上，不用压膜线（图2－2）。

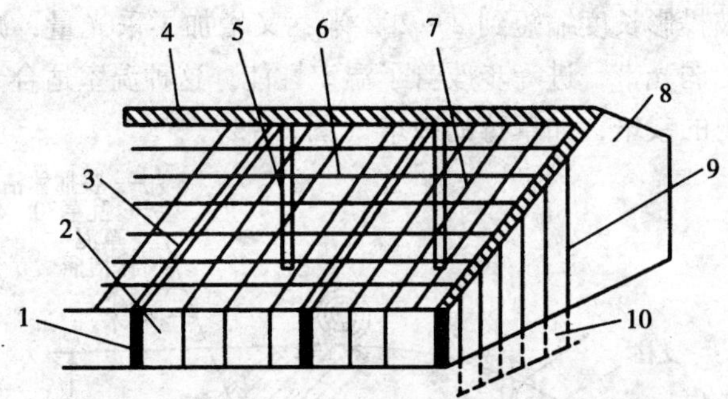

1. 前立柱；2. 前立窗；3. 钢管架；4. 脊檩；5. 中柱；6. 横拉（8号铁丝）；7. 细竹竿骨架；8. 山墙；9. 山墙外（8号铁丝）；10. 8号铁丝固定在山墙外基部

图2－2　琴弦式塑料薄膜日光温室

2. 特点

采光效果好，空间大，作业方便，室内前部无支柱，便于扣小棚和挂天幕保温。

3. 适用范围

适用于各地区秋、冬、春季樱桃、葡萄、李、桃等果树栽培。

（三）长后坡矮后墙半拱圆形日光温室

这种温室最早出现在辽宁省海城市感王镇一带，又名海城温室或鞍山日光温室，初始型的温室跨度多为5.5～6米，中脊高2.3～2.4米，后墙高0.5～0.6米，后坡长3米，中柱高2.2米，中柱在距柁前端40厘米处与之连接，中柱距温室前底脚3.5米，距后墙内侧2.5米。前屋面弧长4.5米左右，拱杆固定在由中柱支撑的脊檩和前屋面的两道梁及支柱上，后屋面结构是先在柁上横担4～5道檩条，上面再用整捆玉米秸或高粱秸做箔，箔上抹两遍草泥，上边再铺稻草，总厚度达到60～70厘米。前屋面用草苫加纸被保温。这种温室的优点是取材方便、造价低、保温性能好。河北省永年县引进此类温室后将其中脊高度提高到2.7米，后坡投影长度缩短到2~2.2米，又增加了采光量，减少了后坡下的弱光带，进一步改善了温室性能，这种温室适合于一些草本果树的栽培，如草莓的栽培（图2-3）。

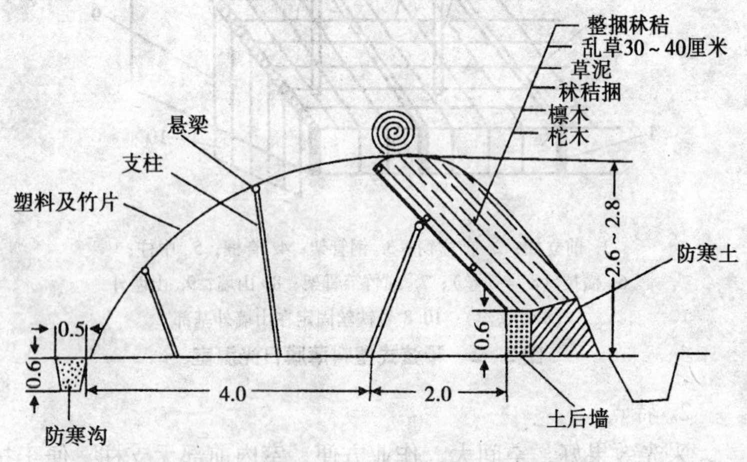

图2-3　长后坡矮后墙半圆拱形日光温室结构示意图（单位：米）

（四）全钢拱架式塑料薄膜日光大棚

1. 结构

跨度6~7米，矢高2.8~3.2米。后墙为砖砌空心墙，高2.2米。钢筋骨架，上弦直径14~16毫米，下弦直径12~14毫米，拉花直径8~10毫米，由3道花梁横向拉接。拱架间距60~80厘米，拱架下端固定在前底脚砖石基础上，上端搭在后墙上。后屋面长1.5~1.7米。骨架后屋面铺木板。木板上抹草泥，后屋面下部分1/2处铺炉渣做保温层。通风换气口设在保温层上部，每隔9米设一通风口，温室前底脚处设有暖气沟或加温管（图2-4）。

2. 特点

屋内无支柱，作业方便。永久性温室，坚固耐用，采光好，通风方便，保温好，但造价昂贵。

3. 适用范围

适用于北纬45°左右地区秋、冬、春季桃、葡萄、樱桃等果树栽培。

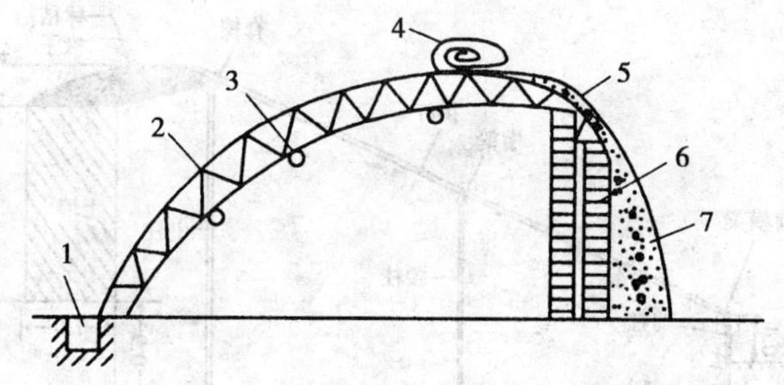

1. 防冻沟；2. 钢筋骨架；3. 横梁；4. 草苫、纸被；
5. 后坡；6. 砖砌空心墙；7. 后墙外培土

图2－4　全钢拱架式塑料薄膜日光温室

(五) 半地下式日光温室

这种日光温室最早是由内蒙古自治区（以下简称内蒙古）创造的。原始形状是一斜一立式（图2－5）。室内栽培畦在地面

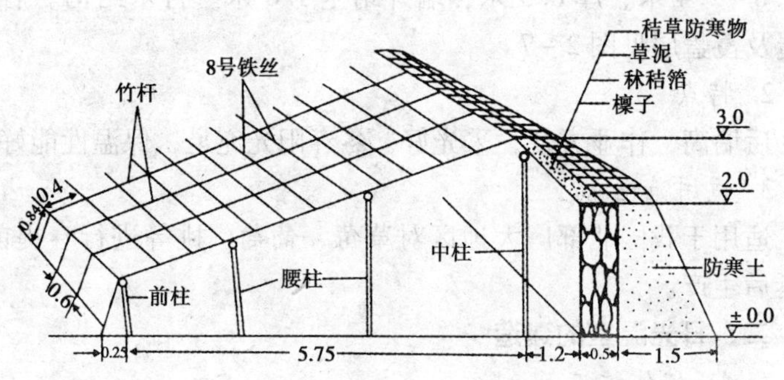

图2－5　一斜一立式日光温室结构示意图（单位：米）

以下0.9~1.0米，为减少这种温室前部低矮作业和采光角度不易增加等问题。沿遮光，半地下式在前沿是采取两步到位的方法。温室跨度5米，中脊高2.1米，后墙高1.9米，墙1米厚，土筑。前屋面架具有柱式结构，拱距1米。

因此有不少温室前屋面改为微拱形。用于乔化果树栽培可将前屋面改为拱形，跨度6~7米（图2-6）。

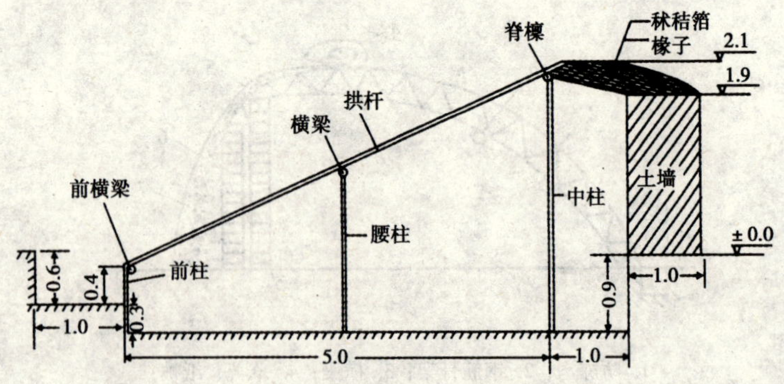

图2-6　半地下式日光温室结构示意图（单位：米）

（六）短后坡高后墙塑料薄膜日光温室

1. 结构

跨度6~7米，矢高2.8~3.2米。后坡长1~1.5米，后墙高1.8~2.4米、厚0.5米，墙外培土1.0米。竹木结构。后坡构造及覆盖层见图2-7。

2. 特点

后墙高，作业方便，采光好，冬春阳光充足，保温性能好。

3. 适用范围

适用于我国北部广大地区对草莓、葡萄、桃等进行春提前、秋延后生产。

二、日光温室的建造

（一）墙体施工

施工前应先平整场地，如果土壤过干，应该进行浇水，使筑墙用的土壤湿度合适。土地准备好后，再进行定点放线。放线是按照预定的方位沿后墙和山墙的厚度两边划定基线，撒上白灰，并在基线的尽头钉上木桩，作为标记。后墙和山墙应该垂直。简单方法是使用“勾股定律”，沿后墙基线确定4米点，再沿山墙方向确定3米点，两点斜边等于5米，山墙基线即与后墙垂直。

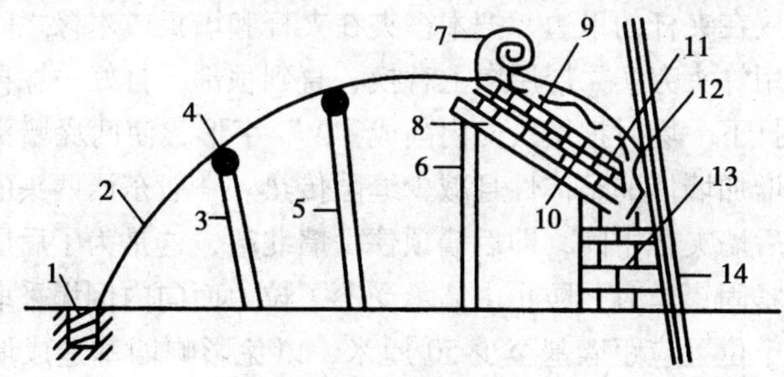

1. 防寒沟；2. 前屋面骨架；3. 前柱；4. 横梁；5. 腰柱；6. 中柱；7. 草苫；8. 柁；9. 檩；10. 箔；11. 草泥层；12. 防寒层；13. 后墙；14. 风障树

图2-7　短后坡高后墙塑料薄膜日光温室

日光温室的墙体，大部分以土墙为主，在雨水较多，石料取材容易的地方，可以做成石墙。资金充裕的农户，也可用砖砌成空心墙。分别介绍如下。

1. 土墙

土墙的筑法首先是处理地基。地基处理不好会影响墙的质量。处理土墙的地基，不返浆土层，原土夯实50厘米即可。在返浆和雨水较多的地区，地基处理不当，可能造成墙体倾斜，下陷甚至倒塌，所以绝不可马虎从事。最好采用砖、石地基，深挖50~60厘米，宽度稍宽于墙体厚度10~20厘米，底部夯实，即砌砖或填放石块，石块的缝隙用灰浆灌浇；也可采用灰土地基，灰土体积比一般为3∶7或2∶8，分层填入，夯实即可。

地基处理好后，即可开始筑墙。常用的筑墙方法是有板打墙和椽打墙两种。打墙的步骤是：先打后墙，再打山墙，打成一垛再打下一垛，一直按预定计划完成。开始打第一垛时，先在垛的两头立上顶墙板，墙板应比墙高，再在两头的两边各栽两根夹杆，夹杆顶端用绳索缚紧，宽度略小于基部；夹杆距基线的位置，除留出墙板或木椽的位置外，还要留出5~6厘米木楔子的距离，以便固定墙板或木椽。打墙时，墙板或木椽夹住两头的顶墙板，放在夹杆的里边，把木楔夹在夹杆和墙板或木椽之间，装土后，用杵头夯实，层层向上替换，直到顶部。打好一垛再打下一垛，打下一垛时把墙头向内削成“V”字形，使两垛墙头凸凹相接，增加墙体的整体性且减少缝隙传热。一般东西两头的山墙则应把后墙夹在中间，即后墙顶住山墙北端，这是为了后屋面东西方向紧固铅丝时，防止山墙承受不了拉力而向内倒塌采取的措施。取土位置应距墙基至少50厘米，以免影响墙基造成墙体陷落。打墙时必须注意墙体上下平直，不可凹凸不平。垛与垛之间接茬严密，不可留有缝隙，否则影响保温。打墙的土不可夹杂石块或粗沙，以免使用过程中局部脱落。

2. 砖砌空心墙

采用砖砌墙体，一般适宜砌空心墙，因为空心墙既节省材料又能提高保温性能。地基处理与土墙相同。外墙一般为三七墙，内墙为二四墙，中间空心距离一般为8~12厘米。砌墙时按一定长度在两墙之间放一块拉手砖，使内、外墙连接成为一个整体，以防胀肚倒墙。空心距离在12厘米以上时，应填充隔热保温材料，一般填充煤渣，既便宜保温效果又好。砖墙砌到规定高度后，外墙再高砌30~60厘米，其作用是便于后墙与后坡衔接，防止后坡的柴草滑出墙外。最后勾好墙缝，抹好灰面，防止透风。为提高内墙面的反光作用，以增加室内的光照强度，温室内墙面宜用简易石灰沙浆粉面，并用石灰浆喷白。为增加墙体吸热，也可用涂料喷成黑白相间墙面，反光性能、贮热性能均好。为了节省投资，还可采取砖土结合筑墙，即后墙砌成三七墙，墙外堆土；或者外筑土墙，内砌砖墙，中间留出空间成为空心墙。

3. 石墙

石墙的基础施工与土墙相同。其墙体修建一般是采用石墙与土墙结合，石墙在里，土墙在外或在石墙外堆土。石墙的特点是防雨能力强，所以在多雨地区多采用石墙。石墙也可砌成空心墙，其保温效果更好。

4. 新型异质复合墙体

新型异质复合墙体是采用承重材料与高效保温材料（如岩棉板或聚苯板等）组成复合墙体。在复合墙体中，由于保温材料所处的相对位置不同，有外保温复合墙体、内保温复合墙体以及夹心保温复合墙体之分。轻质砌块（加气混凝土）墙体按照温室载荷设计，严格按要求进行设计和施工。外保温复合墙体施工流程是：基面墙面处理→弹控制线、挂基准线→配聚合物沙浆胶黏剂（黏结沙浆）→粘贴翻包网格布→粘贴聚苯板→锚固件固定→铺贴网格布→对面层沙浆进行局部找平、修整→刮柔性耐水腻子→面层涂料施工。夹心复合墙体施工工艺流程是：混凝土砌块结构层砌筑（每步 60 厘米高）→聚苯板保温层贴结构层放置（每步 60 厘米高）→装饰性劈离砌块保护层砌筑（每步 60 厘米高）→防锈钢筋网片放置→按步砌筑→成品保护。

（二）前坡面分有支柱、无支柱两种类型

1. 无支柱类型建造

该类型温室前坡面由前八木、钢丝绳、无滴膜、压膜线组成。其建造步骤如下。

（1）埋设地锚　在温室两山墙外 100 ~ 150 厘米处，开挖深 120 ~ 150 厘米的南北沟，埋入水泥柱或重 50 千克左右的大石块，其上绑缚钢筋［粗度（直径）1 厘米左右］，第一处埋在温室最高点垂影处，后依次向南每隔 1 米埋一处，共埋 5 块，土填满后以水沉实。

（2）拉钢丝绳　先把地锚钢筋弯曲成环状，并用铁丝缠绕扎紧，然后东西方向拉钢丝绳。第一道钢丝绳，离后坡面的顶端

80 厘米，第二道离第一道 100 厘米，第三道离第二道 120 厘米，第四道离第三道 150 厘米，第五道离第四道 180 厘米。每道钢丝绳都用紧线机拉紧，再用花篮螺丝固定于温室两端地锚的钢筋环上。最后拧紧两端花篮螺丝，再次拉紧钢丝绳。

（3）安装前骨架　从使用角度考虑，温室骨架最好用不锈钢管制作，但造价太高。用镀锌铁管制作，其造价虽比前者低，但因其易锈蚀损坏，使用寿命较短，且造价仍然较高。采用镁钛复合材料制造的防腐耐酸、不易锈蚀、遇高低温不变形的温室骨架，它既具有近似钢铁架的强度、使用寿命可达 10 年以上，并且其造价便宜，仅有铁管架的 50% 左右。使用该骨架时，每两架之间相距 80 厘米，北端固定于后坡顶部，中部分别用铁丝绑缚固定于各道钢丝绳上，下端埋入前沿土内。若普通型后坡，可用铁丝把骨架上端绑缚于脊檩上。若水泥混凝土型后坡，可先上好前坡面骨架，然后再灌制混凝土，连同骨架上端共同凝结在一起，成一个整体。上骨架前，须先在温室前沿挖好土穴，然后放入骨架，待顶端及中部全部固定好后埋土。埋土之前，先要预埋钢筋，钢筋长 40 厘米，上端弯曲成内径为 1 厘米的小环，下端折成形放入穴内，用水泥混凝土砂浆灌穴，把钢筋和骨架下端凝固成一体，后覆土踏实，使之与地面平。钢筋上端小环要露出地面，位于骨架南边 10 厘米处，以备以后覆膜时，拴系压膜线之用。

（4）安装塑料薄膜　覆盖前坡面的塑料薄膜，由底膜、主膜、顶膜（通风膜）三幅薄膜组成，安装完成后，温室顶部和前部 1.2 米高处，各有一道通风口（顶风口和前风口），便于管理。目前，不少温室只设顶风口，不设前风口，这样做，在管理上带来诸多不便，一旦室内出现高温，只靠顶风口通风，降温困难，即使打开后墙的通风窗口，也难以使温室前部的温度降下来，只好扒开底膜开口通风。这样做，室外冷空气直吹室内作物，往往会造成室内前部温度骤然猛降，引起作物叶片失水干枯，带来不应有的损失。而设有前风口的温室，通风时，室外冷空气由1.2米处进入室内，因其被室内前部上升热空气迅速加热，避免了冷空气直吹作物现象的发生，而且前风口与顶风口会形成空气对流，促进室内空气循环，利于热空气由顶风口迅速排出，既均匀了室内各部位的温度，又有效地降低了室内温度。

塑料薄膜要选用透光率高、无滴效果良好、耐老化、防尘、保温效果好的多功能膜或聚氯乙烯无滴膜。安装之前，要根据前坡面的长宽度，进行裁截加工，处理塑料薄膜。

顶膜宽150厘米（后坡埋压宽度+顶风口宽度+关闭风口时与主膜重叠宽度）、底膜宽150厘米（包括底部埋土部分）、主膜宽度=采光面总宽度－顶风口宽度（100厘米）－底膜埋土以上部分宽度（130厘米）+15厘米（两边缝筒重叠宽度）。

塑料薄膜长度，应根据选用的薄膜种类来定，选用聚氯乙烯无滴膜，其长度可比温室长度短5%左右，选用多功能复合膜，其长度应与温室长度相同。薄膜裁截好后，要先用电熨斗把两端边缘熨烫加工成10厘米宽的缝筒，顶膜底边缘、底膜上边缘、主膜上下两边缘各熨烫加工一道5厘米宽的缝筒备用。

2. 有支柱型温室的建造

有支柱型温室（图2－8）的墙体，既后坡面、操作房的建造可参照无支柱型温室的建造方式进行。

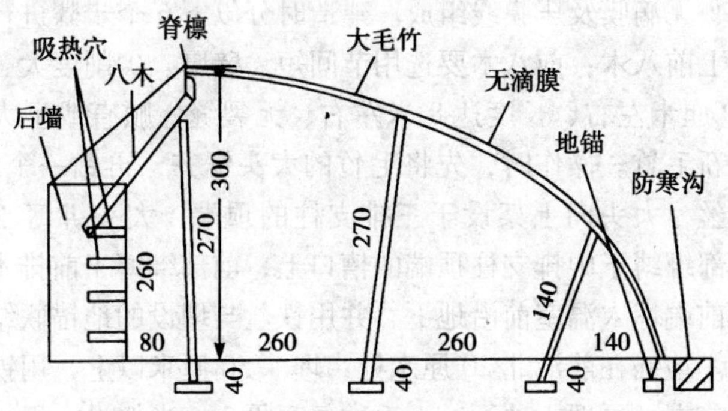

图2－8　有支柱型节能日光温室示意图（单位：厘米）

（1）埋设支柱　温室支柱由三排组成，后排支柱长300～320厘米，截面粗8厘米×10厘米，顶端呈50°斜角，离顶端5厘米处，预设一个小孔，以便穿入铁丝，绑缚八木。该支柱埋设于后墙前沿外80厘米处，东西方向每相隔180厘米埋设一根，埋深40～50厘米，柱下垫石块或砖块，地上部留250～270厘米，柱子埋设好后，向北倾斜3°，全部支柱要求在同一条直线上排列，顶端处于同一高度。

中排支柱，柱长300～310厘米，截面积8厘米×10厘米，支柱顶端呈一弧形凹槽，槽下5厘米处预留一个细孔，以备穿铁丝固定八木（竹竿）之用。中排支柱立于离后墙前沿350～360厘米处，东西方向每相隔360厘米埋设一根，埋深40厘米，下垫砖块，柱子立好后向南倾斜7°～10°。

前排支柱用长180厘米、直径5～7厘米的硬杂木棍，木棍顶端钻一小孔，以备穿铁丝固定八木（竹竿），该排支柱立于离前缘140厘米处，东西方向每间隔360厘米立一根，埋深40厘米，地上留140厘米，向南倾斜20°～25°。

三排支柱立好后，要达到东西方向、南北方向都对齐，处于同一平面内，顶端，东西方向成直线排列，处于同一高度。

（2）架设前坡面　有支柱型温室的前坡面，由竹竿、铁丝、桐木垫、无滴膜及压膜线组成。建造时分以下6个步骤进行。

①上前八木：前八木要选用节间短、壁厚、尖削度大、大头直径10厘米左右、长度达8米左右、无裂缝、顺直或呈大弧形弯曲的新毛竹。操作时，先将毛竹的大头锯齐，再钻一个细孔，穿入铁丝，大头向上架设于三排支柱的顶端，大头绑缚于脊檩上，中部绑缚于中排支柱顶端的槽口上，前部绑缚于前排木柱的顶端，前端埋入温室前沿地下，并用铁丝与埋设的地锚联结，固定牢稳。地锚在前沿北20厘米处，埋深50厘米以上，用铁丝联结毛竹前端，再埋入地下。大毛竹每间隔3.6米架设一根。架设好后，要求每根毛竹成上凸下凹的弯弓形，并处于同一高度、同

一弧度，使温室的前坡面形成半拱圆形。

②埋设地锚：地锚分别埋设于东西山墙之外、北墙外和温室前缘四个部位。东西山墙外各埋设6～8个地锚，用来拴系前后坡面的钢丝。埋设时在墙外1.5米远处，开挖深1～1.5米的南北沟，沟底埋设水泥柱或大石块，并拴系8号铁丝，铁丝上段要露在地面以上，埋土后，灌水沉实。北墙外50厘米远处，每相隔3米左右，埋设一个地锚，深埋50厘米以上，用以拴系稳定压膜线的钢丝。温室前缘的地锚，埋设于温室前沿向北20厘米处，深埋50厘米以上，用以稳定八木，固定拴系压膜线的钢丝。

③拉设钢丝：前坡面的八木上面，须拉设钢丝，可选用10号镀锌优质钢丝。中柱以北的部分，每相隔30～40厘米拉一道，共拉设7～8道。中柱以南部分，每相隔50～70厘米拉一道，共拉设6～7道。钢丝要用紧线机拽紧后固着在东西山墙外面的地锚上，再用16号铁丝从毛竹下面绑缚固定于毛竹阳面上。

室内亦需要拉设三条钢丝，用于拴系吊秧线，南边一条在离地面高1.2米处，在室内固定于前八木的顶部；中、后两条钢丝，分别固定于中、后两排支柱的1.8米高处。

温室后坡面的外面、前缘地面上，各需东西方向拉向一道8号钢丝，拉好后分别拴系于温室前后和两端的地锚上，以备拴系压膜线之用。后坡面上的一道，用12号铁丝与墙后地锚连接，固定于离棚脊30厘米处的后坡面上。前缘的一道紧挨地面，与拴系八木的地锚连接，固着于温室前沿的地面上。

④架设棚膜杆：选用大头直径4～6厘米的实心毛竹，如长度不足8米时，可相互连接，使之达到8米左右。每相隔80厘米架设一根棚膜杆，大头钻孔穿铁丝，下垫5厘米高的桐木垫，绑缚于脊檩上，下端埋入温室前缘的泥土中。其他部位垫3～5厘米高的桐木垫，用14号铁丝绑缚，固着于棚面钢丝上。

⑤绑缚桐木垫：用直径3～4厘米的桐树棍，截成3～5厘米长的木段，垫在棚膜杆与钢丝之间。操作时，先用14号铁丝缠绕毛竹一周，拧紧，再把铁丝穿过桐木垫的中心髓孔，勒紧，缠拧在10号钢丝上，稳固棚膜杆于钢丝之上。

棚膜杆架设木垫之后，使温室前坡面上的无滴薄膜，与钢丝之间离开5～8厘米，压膜线压紧后，薄膜不再与钢丝接触，既可防止滴水现象发生，又利于压紧薄膜，使薄膜的采光面形成波浪形，达到增大透光面积、增加透光量和防风之目的。

⑥上薄膜：前坡面的无滴膜，由底膜、主膜、通风膜三幅组成。架设方法同无支柱型温室采光面的架设方法。

（三）后坡面的建造

1. 立屋架

首先，按照设计间口要求，确定脊柱位置，再挖柱坑，深约50厘米，底面夯实，为防脊柱下沉，也可放置石头或砖块做基石。柱坑挖好后，在墙对应的顶部，挖约60厘米长的槽，上、下深度和宽度大约与横梁直径相同，以备搁放横梁。

其次，确定脊高的水平线。方法是在东、西山墙的脊点之间挂线，以防挂线下落，可在中间预埋脊柱临时支撑挂线，按照脊柱高度加上横梁直径，确定脊高水平，之后进行脊柱预埋，并将横梁按照要求一头架在后墙上，一头架在脊柱上，再调整各个脊柱上下高度和左右前后位置，即可确定横梁的水平位置，而后把土回填，固定梁柱，并在梁与柱衔接处用铅丝绑缚。梁柱是荷载承重的主要骨架，所以位置要达到设计要求，如果前、后、上、下、左、右水平高度不一，定位不准，即会给屋面施工带来不良影响；为了防止屋面前倾和塌陷，柱梁必须平直，强度达到承受标准，同时脊柱顶端可以向内倾斜10厘米以下，使屋面前后受力保持平衡状态。

最后，后屋架的其他部分施工，因温室类型不同而有差异。

琴弦式在梁柱架上不用檩条作为支撑构件，而是用8号铅丝，东西纵拉6道，每道相距约20厘米，两端经过山墙，固定埋在地下；为了支撑受力均匀，铅丝必须拉紧，各条松紧程度一致，切不可松紧不一。拉紧铅丝的方法是使用紧线器，不但省力并容易拉紧，而且松紧程度容易一致。铅丝拉紧之后与横梁的所有接触点，都要按点固定，不可前后移动。

拱圆型后屋架在梁柱构架固定之后，先上脊檩，脊檩与脊檩的接头用榫卯接合，接点应正好在横梁顶面，东西方向调整直、平，再与横梁固定。脊檩的下部，再放一道檩条，也可用椽子与横梁平行，一头固定在脊檩上，一头搁放在后檩上，椽与椽之间相隔15厘米即可。拱圆形温室后屋架可以东西纵拉8号铅丝，方法同琴弦式温室。

2. 铺后屋面

对于后屋面的铺设，方法是先在后屋顶表面铺置三层废薄膜或一层新薄膜，薄膜的破洞要提前缝补好，长短与温室等长，宽度相当于后屋面的2.5倍以上，剩余部分平均留在屋面前后边缘等待使用。薄膜铺好后，将秸秆捆扎成捆，直径20～30厘米，再将秸秆顺坡向整齐排放，捆间挤紧，然后将两边剩余薄膜折回，将秸秆包严，屋脊前檐取直。在上面压干土18～20厘米，踩实整平，再上草泥5～8厘米。厚度达到50～90厘米即可。要求秸秆高出后屋面，用干土压实后和屋面相平，干土和草泥的具体厚度根据温室承重能力灵活掌握。整个后屋面顶部成南高北低的斜坡，坡比为3∶20，坡面平整无缝。后屋面保温材料选用聚苯乙烯泡沫塑料板时，其容重不宜小于15千克/立方米，容重过小，施工过程中板材易掉角或破碎，制成的复合保温板的强度也会受到一定影响。选用聚苯乙烯泡沫塑料板保温，可以内铺一层石棉瓦，外盖用厚5厘米的水泥盖板。水泥盖板间用水泥灌缝，并用SBS防水材料处理。

（四）温室门与操作室的建造

温室门可设在山墙的北部或在后墙的一端（图2－9）。

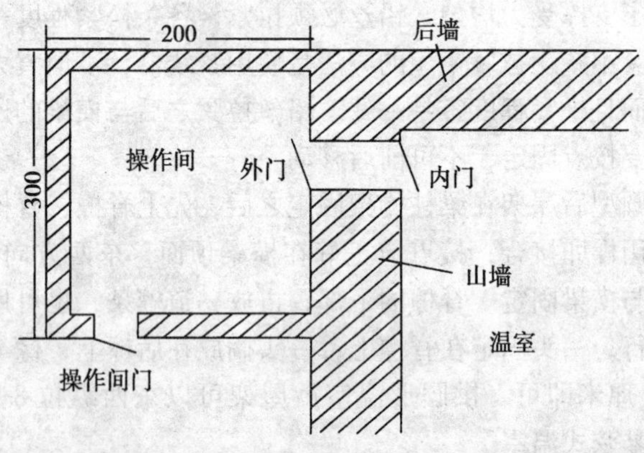

图2－9　温室山墙外建造操作间与开门平面图（单位：厘米）

开门不可过大，门宽60厘米左右，高150～160厘米，门要设双门，封闭要严密，分别设在墙体的外沿与内沿，两门相距100～120厘米。进入温室时先打开外门，待进入两门之间以后，关闭外门，然后再打开内门，进入室内后，随即关闭内门。如上操作，可防止开门时冷空气侵入温室和热空气流出温室，能有效地提高温室的保温效果。

为了管理方便，门外应建造6～8平方米的操作间。操作间建在温室的后边，可以减少土地浪费，提高土地利用率。操作间最好建成平顶，4月份以后，温室撤下的草苫，可搁放于操作间房顶上，减少上下搬运草苫的麻烦。

（五）防寒沟、进出口的施工，草帘（苫）的编制与保温被的选用

防寒沟一般设在前屋面基角下，沟宽为30～40厘米，深度与当地冻土层等同，沟内填充柴草、树叶、马粪等物，上面盖上旧薄膜、用草泥或土封口，以防止水分侵入，阻挡内外热量的交换。进出口门设在避风一面的山墙北端，正对室内走道。门的大

小以操作人员进出方便为度。为了防止热量对流损耗，门外应设缓冲间，并可兼作住房和工具室。

草帘的质量好坏与日光温室的保温有直接关系，必须掌握一定技术才能编制合乎标准的草帘。草帘的标准是：薄厚均匀，厚度约5厘米，草把紧密，没有缝隙，绳子缚紧，不掉草叶。草帘可用草帘机编制。打草帘前，选用两根比草帘宽度（2米）略长的木棍，按照草帘的长度（8米）固定在平地上，再把7条大径按间距20~25厘米，紧绑在两根木棍上，然后把小径湿水后与大径一头连接。编制时，把草整好，草把用手紧握，粗细均匀，一般直径为5~6厘米，从头开始，把草把捆缚在大径上，草把两端距边缘的大径约10厘米，打好一把再向前递换1次，直到终了，再把绳头绑好，利用剩余的麻绳，做成两个环状的“抓手”，编制即结束。晒晾干后，即可使用。

为寻找可代替草帘（苫）的外覆保温材料，许多单位研究并生产了不同规格型号的保温被，一般来说保温被由3~5层不同材料组成，由内层向外层依次为防水布、无纺布、棉毯或其他隔热材料、镀铝转光膜等，几种材料用一定工艺缝制而成。保温被具有保温性能优良、重量轻、防水、阻隔远红外线辐射、寿命长、电动卷帘方便、劳动效率高等优点，在生产实践中可以选择应用。

第二节　塑料大棚的建造

塑料大棚是利用竹木、硬塑料、水泥、钢筋，钢管等做骨架材料，上面覆盖塑料薄膜建造而成，一般用（0.1±0.02）毫米厚的塑料薄膜覆盖，占地面积300平方米以上，棚高2~2.5米或3米，宽8~15米，长30~60米。一亩塑料薄膜大棚需塑料薄膜120~150千克。塑料薄膜大棚是较大空间的活动型保护地设施，由于塑料薄膜重量轻，对红光和紫外线的透光率高，白天增温快，夜间的保温性仅次于玻璃温室并且造价低，可装拆，使用方便。在大棚内进行果树半促成栽培其经济效益大大高于露地栽培。

一、塑料大棚的类型和结构

关于大棚的分类，分类依据不同则分类方法不同，大致有以下几种分类方法。

(一) 根据其覆盖形式分类

塑料大棚按覆盖形式可分为单栋大棚和连栋大棚。

1. 单栋大棚

以竹木、钢材、混凝土构件及其薄壁钢管等材料焊接组装而成，各地建造形式不一，主要有拱圆形，单棚面积以 330 平方米为好，不宜过大，棚向以南北延长为多。

2. 连栋大棚

以两栋或两栋以上的拱圆形或屋脊形单栋大棚连接而成。单栋大棚跨度一般 4 ~ 12 米，一般占地 1 334 ~ 6 670平方米，最大者 2 000 平方米，这类大棚管理方便，便于实行机械化操作和自动化控制。

(二) 根据大棚屋顶形状分类

根据屋顶形状分为拱圆形和屋脊形。

1. 拱圆形

拱圆形的屋顶呈弧形，半椭圆形或半圆形，是我国目前塑料大棚的基本形式。

2. 屋脊形

屋脊形大棚屋顶形似屋脊，透光排水良好，但建造施工比较复杂，屋脊及两肩部位突出，容易损坏薄膜，生产上很少采用。

(三) 根据大棚的骨架结构分类

根据大棚的骨架结构，可以分为拱架式、横梁式、桁架式及特殊型大棚。

1. 拱架式大棚

拱架式大棚（图2－10）结构简单，它是用一根根拱架排列组成大棚骨架，这种大棚施工简单，造价低，棚内光照好，通风也方便，它适于跨度较小的大棚。拱架式大棚有落地拱与支柱拱两种。落地拱架是每条拱杆的两端直接插入棚边，拱杆自然弯拱成弧形。这种大棚棚边空间小，对乔化果树栽培及管理不便。有支柱拱架是把拱架固定在大棚边柱上，由于边柱外侧较直立，提高了大棚边的空间，这种大棚可以增大跨度，适合于乔化果树栽培，操作也较为方便。

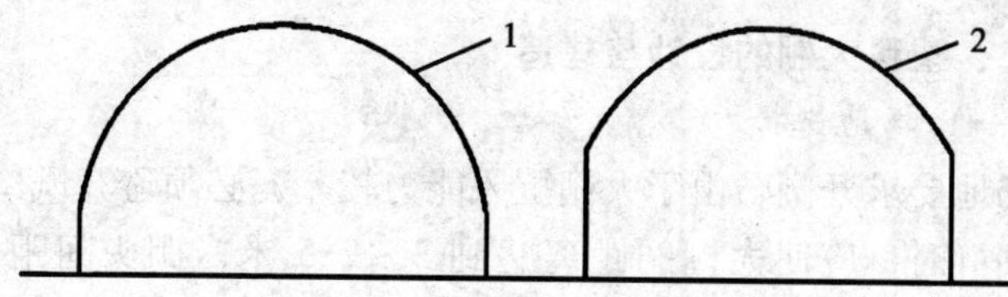

1. 落地拱架式大棚；2. 有边柱拱架大棚

图2－10　拱架式大棚

2. 横梁式大棚

横梁式大棚又称双梁式大棚，它是在拱圆形拱架上或屋脊人字架上固定一梁，以强化其结构，增强大棚对风雪的抵抗能力。

3. 桁架式大棚

桁架式大棚是用钢筋焊接构成平面桁架或正三角形、倒三角形、桁架大棚（图2－11）。

平面桁架用钢筋，钢管或两者结合焊接而成，上下弦、拉杆一般用直径为12～18毫米的钢筋或2.5厘米左右钢管，腹杆多用直径12毫米的钢筋，这种结构可以节省材料，且骨架稳定，不用中柱也可使大棚的跨度加大而形成空心棚，但跨度较大时，荷载过重或焊接不良，拱架易扭曲变形，但三角形桁架不易变形，所以每个大棚的两端和大棚的中部，每隔几个平面架配置一个三角形的桁架为宜。

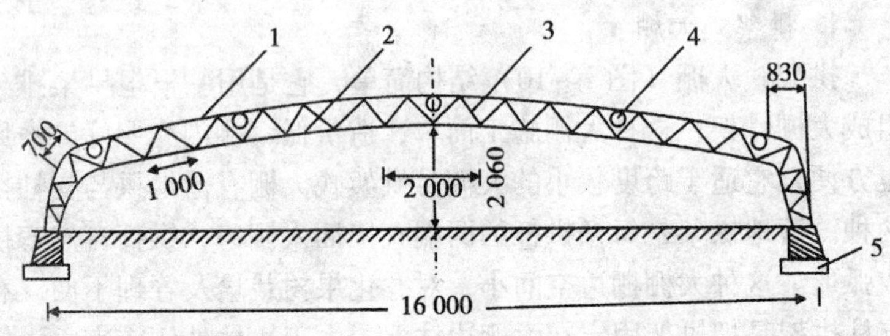

1. 下弦；2. 下弦；3. 腹杆（拉花）；4. 拉杆；5. 灰土基础

图 2－11　桁架式大棚（单位：毫米）

二、塑料大棚的设计与建造

（一）场地选择

场地要求开阔，由于大棚抗风能力较差，必须避开风口，在建立棚群时，应使大棚间距离达到 2～2.5 米，棚头间距 5～6 米，以利于运输和通风换气，避免遮阴，同时，还要求有方便的灌溉条件。

（二）大棚的规格和方向

一般每栋大棚面积 330～500 平方米或 500 平方米以上，长 40～60 米，宽 10～12 米，不宜超过 15 米，矢高竹木结构 1.8～2.2 米，钢架结构 2.8～3.4 米，一些乔木果树栽培大棚可超过 3 米，棚内空间增大，有利于空气流通，既便于授粉和改善果树生长环境，又便于生产管理。但随大棚棚体增大，其造价也按比例大幅度提高。

大棚南北延长受光均匀，东西延长冬季受光条件好，不论东西延长或南北延长，要避免斜向建造。建造大棚除了考虑透光外，主要还需根据地形来决定方向。

（三）塑料大棚的布局

塑料大棚场地、规格选定后，要根据场地大小、栋数对大棚进行总体规划，若棚群较大，应考虑设计其他设施，如工作间、仓库、配电室等。

1. 棚距规划

南北延长的大棚，南北两棚棚头间距应在5~6米，以便运输和塑料大棚通风换气；东西两棚间距1.5~2米，既有利于通风又可以避免大棚相互遮阴，提高土地利用率。

2. 棚群规划原则

若棚群规模较大，应错落有致地排列，以创造既有利于通风，又有利于采光的环境条件；若棚群较小，则可对称整齐排列，东西成行，南北成行。

（四）塑料大棚的保温比

塑料大棚的保温比是指塑料大棚内栽培床面积与覆盖的塑料薄膜面积之比。保温比大，表示覆盖的棚膜面积比例小，虽然夜间散热面积小，但白天接受太阳辐射能的面积也小；反之，保温比小，其接受太阳辐射能的面积虽大，但散热面积也大，不利于保温。所以大棚要有适宜的保温比，实践证明保温比以0.6~0.7为宜。

（五）竹木结构塑料大棚的建造

1. 建棚准备

（1）材料准备　按大棚结构的要求，把各种材料准备好，如拱杆、立柱、拉杆、压杆等按规格要求截短并用铅丝连接好，要求绑接牢固。

（2）裁接塑料薄膜　根据大棚的大小计算裁好，在暖和的地方以电热熨斗粘接成整体。

2. 施工

建棚前先整平土地，并按南北方向定好大棚边线，然后从一端开始，定好埋设立柱和插拱杆的位置，并挖好坑，按以下作业程序具体施工。

（1）埋立柱　立柱在头一年土壤封冻前埋好踩实，埋置深度为40~50厘米。要求规格一致，纵横成行，同一排的立柱高要一致。中间两行高，两边依次降低10~20厘米，保持对称，成半弧形。

（2）插绑拱杆　立柱埋好后，把拱杆放在立柱上端“V”字槽内，拱杆的两端埋入坑里，深30～50厘米，要求立柱上有一根拱杆，拱杆拱形在一条直线上，用铅丝通过立柱顶端小孔，将拱杆和立柱绑牢，拱杆间距1～1.2米。

（3）绑拉杆　横拉杆绑在距立柱顶端30～40厘米处，紧密固定在立柱上。棚形较小时，可以用8号铅丝固定在每个立柱顶端，沿大棚走向拉直两头埋入土中，再用紧线螺丝拉紧代替拉杆。

（4）扣棚（上膜）　为防风吹和上膜时磨损薄膜，立柱与拱杆各连接处用布或牛皮纸包起来。选暖和无风天的上午顺风扣棚，薄膜要拉紧，中间无折叠和扭斜，将膜边埋入土中，踏实。

（5）上压杆或上压膜线　薄膜扣好后上压杆，也可边盖膜边压杆，压杆也要压紧梆牢，两端用铁丝牢固地固定在大棚外侧的木桩上。覆盖薄膜后，也可不上压杆在各拱杆间拉上压膜线，压膜线最好用特制的塑料压膜线，也可使用尼龙绳，固定在预埋的地锚上。压膜线必须压紧，才能保证大风天薄膜不受损坏。

（6）装门窗　在棚的两端各设一门，门高1.5～1.8米，宽0.8～1.0米，也可设活门，以便通风时，把门拿下来横挡在门口；早春可防止寒风从底部侵入。通风窗可随着天气转暖逐渐开设或配置专门的卷膜器，从两侧通风换气。

目前应用较多的装配式镀锌钢管结构大棚是由专门工厂生产，适合于果树生产的新型大棚，由中国农业工程设计研究院设计的GR-Y8-1型薄壁镀锌钢管装配式大棚，跨度为8米，其结构合理且用钢量少，便于拆装，防腐能力强，但造价较高。GPC系列装配式镀锌钢管塑料大棚采用薄壁钢管经镀锌防腐处理后再折弯成形，不但强度高、耐腐蚀性能好，而且外形美观寿命长。产品构件的标准化系列程度高，结构合理，拆装方便，固膜可靠，更换性好，能方便地重复组装。在设计时要考虑到棚宽适合栽培的需要，棚顶不易积雨雪；棚的出入口用活动门，使进出方便。

3. 塑料薄膜的选择

我国保护地设施应用的薄膜，按树脂原料可分为聚乙烯（PVC）棚膜、聚乙烯（PE）和乙烯－醋酸乙烯（EVA）棚膜，其中PE棚膜和PVC棚膜应用最广。根据生产需要，在生产PE膜和PVC膜原料里，加入一定比例助剂，如加入防老化剂生产出长寿膜，加表面活性剂（防雾剂）生产无滴膜；同时，加入多种助剂生产出复合多功能棚膜。

第三节　简易设施的建造

一、小拱棚的类型及应用

（一）类型

小拱棚因体积小. 结构简单，一般多用轻型材料建造。小拱棚不仅容易建造，而且因体积较小，故比较坚固耐用。它多用于冬春生产，一般建成东西延长式。小拱棚大致可分为以下3种。

1. 拱圆形小棚

棚架为半圆形，高度1米左右，宽1.5～2.0米，长度依地而定；骨架可用细竹竿按棚的宽度将两头插入地下，形成圆拱；相邻两根拱杆相距30～50厘米；全部拱杆插完后绑3～4道横拉杆，使骨架形成一个牢固的整体。覆盖棚膜后，一般在棚顶中央留一条放风口，采用扒缝放风，或者不留放风口，仅在棚的南面揭开薄膜底部进行通风。

2. 半拱圆小棚

棚架为拱圆形小棚的一半，北面为1米左右高的土墙或砖墙，南面为半拱圆的棚面。棚高一般为1.1～1.3米，跨度2～2.5米，无立柱，如跨度很大，中间可设1～2排立柱。放风口设在棚的南面中腰部，采用扒缝放风。

3. 双斜面小棚

棚架为三角形或屋脊形，适于多雨地区。中间设1排立柱，柱顶上拉一道8号铁丝，两侧用竹竿斜立绑成三角形。可在平地架棚，棚高1~1.2米，宽1.5~2米；也可在棚的四周筑起高30厘米左右的畦框，在畦上立棚架，覆盖塑料薄膜即成。

（二）应用

小拱棚在园艺上应用较多，多用于春秋季的蔬菜生产。在设施果树栽培中，一般栽培葡萄、草莓时使用小拱棚，另外，还可以用来培育繁殖苗木，效果很好。

二、简易覆盖

简易覆盖与小拱棚一样，是设施栽培中构造比较简单的一种。简易覆盖一般由棚架和顶层覆盖一层塑料薄膜构成，其主要作用是防止果品在成熟期因遭受雨水的侵袭而产生裂果、发霉、变形、变色等现象，保证果品的产量与质量，是设施栽培桃、葡萄、大樱桃的一种保护设施。

简易覆盖因其作用是避雨，防止裂果，故其一般是在果实开始着色时扣棚。棚的大小一般根据实际栽培面积而定，可根据需要建成单栋或连栋避雨棚。

第三章　设施果树栽培技术

第一节　设施环境的基本特征

节能日光温室、大拱棚等保护设施，虽然具有良好的透光、保温等性能，但是它毕竟是在恶劣的气候条件下和不适宜果树生长发育的严冬季节里进行果树栽培，由于受外界环境条件的制约，加之设施本身封闭严密的特点，使它又具备着多种不适宜于果树生长发育的不利因素。

一、设施外自然环境条件恶劣

内外环境差异性大在严冬季节，在设施内栽培果树，如果调控不好，其土壤温度会明显低于果树根系发育所需温度，加之冬季还会经常受到寒流、冰雪、大风、低温，甚至还有长期阴冷等天气的影响，造成温室（棚）内大幅度地降温，使气温、地温骤然下降，引起枝叶和根系生理性障碍现象发生。严重时会造成枝叶枯死、根系死亡，如不能进行有效的调控，还会引起整株果树的死亡。

二、设施内光照条件差，光照强度明显不足

太阳光即太阳辐射能，是一切绿色植物进行光合作用、生产有机物质的能源，也是节能日光温室、大拱棚等保护设施热量平衡的主要来源。绿色植物只有在阳光的照射下，才能进行光合作用。要维持较高的光合效能，其光照强度应达到30 000～60 000勒。在冬季，太阳的辐射能量，不论是总辐射量，还是作物光合作用时能吸收的生理辐射量，都仅有夏季辐射量的70%左右，加之设施覆盖薄膜后，阳光的透光率仅有80%左右，薄膜吸尘或老化以后，其透光率又会下降 20% ~40%。因此，设施内的太阳辐射量，仅有夏季自然光强的 30% ~50%，20 000 ~40 000 勒，这远远低于果树光合作用的光饱和点。倘若遇阴天，设施内光照强度几乎接近于果树的光补偿点。光照弱、光照时间短，是制约果树设施栽培产量、效益的主要因素之一，也是影响设施内温度的主要原因。

三、光照分布不均匀

节能日光温室、大拱棚等栽培设施，受其建造条件的制约，室（棚）内光照分布不均匀，差异比较显著。如节能日光温室，采光面的前部，屋面角大，阳光入射率高，光照较为充足；中间部分，其屋面角度较前部小，阳光入射量低于前部，其光照强度可比前部光照强度低 10% ~20%；采光面的后部，屋面角最小，阳光入射量更低，加之温室的后坡面、后墙又遮挡了北部与上部散射光的射入，其光照强度仅为前部的 60% ~70%，光照更弱，如不加以调控，会引起产量的严重下降。

大拱棚，若南北向建设，棚内光照较为均匀，若东西向建设，棚内光照依然不均，其北部光照强度明显低于南部。

四、封闭性严密、室内通气不良

节能日光温室、大拱棚等栽培设施，封闭性严密、室（棚）内外空气较少或不经常流通，室内通气不良，如不注意调控，会导致多种不良现象发生。

（一）二氧化碳气体极易缺乏

白天作物进行光合作用时，室内空气中的二氧化碳气体，作为光合原料，很快被作物吸收利用，由于温室（棚）内外空气流通不便，二氧化碳气体不能及时得到补充，极易缺乏。光合原料的严重不足，使光合效能急剧下降，作物产品产量、品质都会大受影响。因此，是否能够及时补充温室（棚）内二氧化碳气体量，提高其空气中二氧化碳气体的浓度，是制约设施栽培效益的首要因素。

（二）有害气体不能及时排出

设施密闭，土壤呼吸作用及肥料分解发酵所释放出的有害气体不能及时排出。有害气体主要有以下几种。

1. 氨气（NH_3）

氨气主要来自土壤中未经腐熟的粪肥，如鸡粪、猪粪、牛马粪、饼肥等。这些肥料未经充分腐熟，施入土壤中，经微生物分解发酵，会产生大量的氨气。氨气还来自施入土壤中的速效氮肥，如尿素、磷酸二铵、碳酸氢铵、硫酸铵等，这类肥料遇到高温环境，就会分解挥发氨气，特别是在设施内，采用不适当的施肥方式（点施、撒施）追施此类肥料时，极易引起氨气挥发，提高空气中的氨气含量。当空气中氨气浓度达到5毫升/升时，作物就会受到危害，开始时，叶肉组织变成褐色，后逐渐转变成白色，严重时，叶片枯死。若氨气浓度达到40毫升/升时，作物会受到更为严重的危害，甚至整株死亡。

2. 亚硝酸气体（NO_2）

该气体是因为施用过多的速效氮肥而产生的，氮肥在土壤中经过微生物的硝化作用，产生亚硝酸气体，释放入空气中。当空气中亚硝酸气体浓度达到2毫升/升时，作物就会受到危害，开始表现为叶片失绿，产生白色斑点，严重时，叶脉变白，叶片枯死，甚至于全株死亡。

3. 氯气（Cl_2）

该气体来源于有毒塑料薄膜或有毒塑料管等。氯气由作物叶片的气孔进入叶肉组织，破坏叶绿素和叶肉组织，开始时叶缘变白干枯，严重时整个叶片死亡。

（三）设施内空气湿度高

温室、大棚等保护设施，因内外空气交流少、空气不流通，土壤蒸发的水分和作物蒸腾排出的水分，都以水蒸气状态，积累于室（棚）内的空气当中，难以排出室（棚）外，室（棚）内空气湿度显著高于室（棚）外。其空气湿度可高达80%～95%，大大超过果树生长发育所需要的空气湿度（50%～65%）。同时高湿度又为各种真菌、细菌、病毒等侵染性病害的侵染发展提供了有利的生态环境，如不注意调控和有效地防治，极易诱发病害，而且病害种类多，发病频繁，发展速度快。

节能日光温室、大拱棚等保护设施的以上生态特点，极不利于果树的生长发育，也给栽培带来诸多不便，我们必须在生产实践中进行调控，尽力改变这些不利的环境条件，才能实现设施栽培果树的高产、优质与高效。

第二节　设施栽培技术措施

一、修建结构合理的棚（室）结构

最好按第三章要求设计日光温室，避开雨季，尽早施工。为了确保冬前蓄热，一般应在10月上中旬以前扣棚，以防土壤中热量散失。一些结构严重不合理的日光温室应尽可能的改建或重建。

目前，我国设施栽培普遍采用高效节能日光温室，改良式大棚、中棚等设施，以日光温室生产效果最好。目前，对适用果树栽培的棚室结构参数研究很少，生产上一般都借鉴蔬菜栽培的棚室结构参数，其结构要求白天尽可能的采集阳光，保持较高的气温、地温，使其达到果树生长发育的要求，夜间尽最大限度地减少热量散失。经近几年生产实践表明，温室结构除参考栽培蔬菜设施结构外，对一些乔木树种，棚室高度在不影响棚室采光、保温的前提下，取决于树高和管理的方便与否。在栽培上，要求树高离棚面有50厘米左右的空间，保温性可比蔬菜略差一些，高度可比蔬菜用的略高一些，一般高度3.6～3.8米，跨度8～8.5米，温室前屋面底脚向内1米处高度1.5～1.8米。环境的可控性能要好。

二、选择适宜的树种与品种

目前设施栽培的树种已达35种，其中，落叶果树12种，常绿果树23种。落叶果树中，除板栗、核桃、梅、寒地小浆果等未见报道外，其他均有栽培，其中以草莓栽培面积最大，葡萄次之。树种或品种选择的原则是：需冷量最低，早熟，品质优，季节差价大，树体紧凑、易成花、坐果率高、较易丰产，以鲜食为主。通过设施栽培可提高品质并增加产量，以及适应设施栽培等。现已报道的落叶果树设施栽培的树种与品种如表3-1所示。

表3-1　设施栽培的落叶果树树种与品种

树种	品种
草莓	宝交早生、美13、全明星、戈雷拉、春香
葡萄	乍娜、康拜尔早生、龙宝、蜜汁、玫瑰、巨峰、底拉洼、新玫瑰、先锋
普通桃	春蕾、享早生、武井白凡、八幡白凤、东早生、布目虽生、砂子早生、白桃、日川白凤、加纳岩白桃、棚桃1号、棚桃2号
油桃	五月火、早美光、早红2号、潍坊1号、潍坊2号、潍坊3号、曙光、华光、艳光、早红霞、早红珠、丹黑、矮丽红、瑞光2号、瑞光3号
樱桃	矮化樱桃、作藤锦、高砂、那翁、大紫、红灯
杏	信州大实、和平、红荷包、二花槽
李	大石早生、圣诞、苏鲁达、美恩蕾
柿	西村早生、才根早生、前川次朗、伊豆、平核无
梨	新水、幸水、长寿、二十世纪
苹果	津轻、拉里丹
无花果	紫陶芬

现今设施栽培品种基本是从现有的品种间选择，因此，培育适合设施栽培的新品种是今后的课题之一。短低温育种最早是1970年在美国加州大学开始，并培育出桃品种Babcock。我国的短低温桃品种资源丰富，现已得到需冷量400~500小时的桃、油桃及观赏桃花新品系，如“南山甜桃”。近年来常用“阿母

肯”、“阿母皇后”、“五月火”等作为短低温油桃的亲本，培育出许多需冷量低的品种，如“热带甜桃”（150 小时）、“日照油桃”（250 小时）、“阳光油桃”（400 小时）。但这种方法存在选育周期长、育种效率低、果实品质差、产量低、成熟期不配套等不足。

三、密度选择

设施果树栽培的目的是尽早、尽快获得较高的经济效益。其栽培密度应大于露地，新建园应达到一年满园成花，二年结果，三年丰产的目的。乔木果树应南北行栽种，行距 2～2.5 米、株距 1～1.5 米。草莓行距 25～30 厘米，株距 15～20 厘米，三角形定植，确保每亩①栽植 8 000～10 000株。

四、大苗移栽

设施果树栽培用露地栽培的一年生苗，定植后需经 1～2 年，甚至 3～4 年的树体管理，待具有一定的树体结构和花芽数量后方有必要扣棚生产，前期管理费工，而且效益低，与高投入的保护地设施应带来的效益不相称。另外，设施栽培品种更新快，树体易衰老，因此，树体更新周期短，若使用普通小苗，则无效益时段间隔长，不适应生产和市场的要求。在苗圃地将不结果的幼树集中管理，培养树形，促进成花，也可以利用容器育苗、基质栽培，控制施肥更有利于生长和促进成花；培育大苗、壮苗，然后定植，定植后树势强壮，整齐、矮化、结果早、易丰产；目前已对早熟油桃品种“曙光”、“丹墨”、“早红珠”，以及早熟大果水蜜桃品种“青研桃一号”等果树培育设施栽培专用预备苗，苗木长势好，成花多，具备了进行设施栽培的条件，取得了较好的效果。

五、授粉树的配置

日光温室或大棚相对密闭，其内没有外来花粉，为提高结实

---

① 1 亩≈667 平方米

率，尤其对花粉不稔的树种、品种，要严格配置授粉树。授粉品种要求与主栽品种的花期相同或略早1～2天，花粉量大，发芽率高，亲和力好。具体比例根据授粉品种的果实产量、质量确定，优良品种可采用1∶1（等量式）、1∶2（倍量式），一般品种可采用1∶（5～6）（多量式）。日光温室由于南端和北端产量较低，所以，授粉树常偏植于两端。

第三节　设施栽培的环境调节技术

一、果树设施光照的调节

进入设施内的太阳光，一部分被设施内栽培床、设施果树反射、吸收，一部分用于水分蒸发，仅有一小部分被植物的光合作用所利用。

在我国，只要光照强度达到20 000～50 000勒就可以满足植物生长的需要。也就是说，在北纬50°以卜地区，均可达到植物生长所需的光照条件；超过北纬60°，光线较弱；再向北，到冬季基本上照不到太阳。露地栽培，我国大部分地区光照条件均可满足果树生长的需要。然而在设施条件下，由于塑料薄膜等覆盖材料的反射和建筑材料的遮光等影响，以及因塑料薄膜上结尘、结水或其他情况，使得自然光照不能完全满足果树生长发育的需要，因此，在高纬度区发展设施果树生产时，需要采用补光措施，以满足设施果树生长发育的需要。

为了解决设施栽培下光照条件的不足，可以适时地给予人工补光，目前国内外设施栽培主要从设施光照量、光质、光照时间等方面进行调节。采取的措施主要有以下几方面。

（一）设计合理的棚室结构

在充分考虑树种、品种生长发育特性，温湿度等便于调控，棚室结构坚固耐用、抗性较强的基础上，适当降低棚体高度可增加下部光照，还可减少支柱、立架、墙体、附属物的遮光影响。

（二）选择透光性能好的材料

生产实践证明，无滴膜的透光性优于有滴膜，因此，建议设施果树栽培时可选择无滴膜。

（三）进行人工补光

在超早保护地栽培中，尤其是低干果树（如草莓）的保护地栽培，必须利用人工光源补光。

（四）采取适宜的栽培密度、树形、整形修剪技术

栽培密度要适宜、合理，不能盲目加大；培养采光性能好的树形，如桃树可培养成“Y”形；冬剪时及时疏除挡光的大枝或树背上的过高过大枝组；夏季加强修剪，及时摘心、扭梢控旺，疏去密生梢、竞争梢；控根栽培，栽培时起高垄浅栽，促旺根，控制豆芽根的生长，防止树冠戴帽遮阴。

（五）张挂反光幕

张挂反光幕可明显提高棚室内光照强度。阳光照到反光幕以后，可以反射到树体或地面上，地面增光10%～40%。反光幕反光的有效范围一般为距反光幕3米以内，冬季太阳高度角低，反光幕上直射光照射时间长，增光效果好。挂设反光幕的时间，以叶片光合作用对光要求较高、果树大量展叶后、树体生长发育旺盛时为宜。另外，在果实成熟前1个多月，在树冠下铺设反光膜，将光线反射到树冠下部和内膛的叶片和果实上，可以提高下层叶片的光合作用，促进果体增大和着色面积的扩大，从而既提高了产量又改善了品质。

（六）定期更换和清洁棚膜

棚膜使用一段时间后老化，透光率较新膜相比大大下降，另外，棚膜上面附着的尘土、枯草、干叶等杂物以及内面附着的水滴会严重阻挡阳光透入，因此，应每隔1～2天，用拖把等把棚膜上面附着的尘土、杂物清除掉，或于晴天棚室内温度较高时，用水冲洗棚膜，使之保持良好的透光率。

二、果树设施温度的调节

果树在生长发育的每一阶段对温度的要求不同，特别是扣棚升温后至萌芽前、萌芽期、花期前后、幼果期和果实发育期对温度均有特定的要求。温度的高低和升温快慢都会对坐果率、果实发育和果实品质等产生重要影响。因此，果树保护地栽培的温度管理是贯穿整个栽培过程的最重要的技术环节。可以说，温度管理的成功与否，将直接决定栽培的成败。

（一）温室气温的特点及调控

1. 特点

日光温室内气温明显高于室外，并有如下特点。

（1）棚室内气温受天气变化影响极大　昼夜温差大，高温和低温频繁出现。塑料薄膜能透过太阳短波，但对红外热辐射有一定的阻挡作用，因此，在棚室内形成长波和短波辐射能量的积累，使棚内外气温升高，即“温室效应”。如果白天阴天或雨雪天气无太阳辐射时，棚室内温度较低，棚室内外气温相差不大，因此，当外界气温较低时，要采取保温措施。但是，如果外界气温较高，则需打开棚门，利用散射光维持一定棚温和进行光合作用。

夜间，棚室内散失的热量得不到补充，气温较低，因此，要采取各种保温措施，必要时可进行人工加温。

（2）温室内气温受棚体及管理影响大　棚体容积越小，温度升高越快，但降温也快；反之，棚体容积越大，温度升高越慢，降温也慢。因此，温室容积过大或过小对温度调节都是不利的。管理不好，棚室保温差时，往往导致夜温过低，有时会出现0℃以下的低温，白天可能出现超高温现象，对树体生长极为不利，易造成栽培失败。

（3）棚室内不同部位气温差异较大　如横向分布为：中间高，两边低；而纵向分布为：白天阳光照射，棚顶部温度高，下部温度低，夜间及阴雨天则相反。

2. 棚室内气温的调控

棚室内气温的调控，主要有增温和降温两种。

（1）降温　当棚室内气温过高，影响果树正常生长时，或是果实成熟期，气温过高，有碍增糖着色时，就需要降温。降温的方法如下。

①通风换气：是最常用的降温方法，有自然换气和强制换气两种。自然换气就是在需要降温时，打开棚室的顶窗，让其自然通风换气。若是在打开顶窗还未能迅速达到降温要求时，就要将侧窗（或侧膜）揭开。强制换气是利用鼓风的办法，促使棚室内的空气外排，达到降温的目的。

②遮阴：是在棚室外覆盖草帘或遮阳网，以减弱太阳光的强度，达到降温目的。但是，遮阴又会影响光合作用，不能长时间使用。

③排冰：在果实成熟期，若因降温不力而使果实着色困难时，可将冰块排入棚室内进行降温，效果较好。

④喷雾：在棚室内喷雾，降温效果也较好。不过喷雾后，相对湿度提高很快，会增加发病率，所以要严格节制使用。

⑤空调：在韩国，有些果农在栽培柑橘时，在温室内安装自动控制温度的空调器。通过空调，降低棚室内的气温。

（2）增温　又称保温，当棚室内温度达不到果树需求时，要通过加温来保持适宜的温度。增温的方法如下。

①加温：可以采用火炉、电热线、热风炉等设施进行人工加温。

②覆盖：在寒冷季节的夜间或雪天，棚外气温较低时，用草帘等材料进行覆盖，以提高保温的效果。

③棚内套中棚或小棚：对低矮的果树，在棚室内再增加中棚或小棚，也可以提高保温效果。

（二）温室土壤温度的特点及调控

土壤温度也是影响果树设施栽培的重要因素。棚室内的土壤温度比空气温度稳定。有时空气温度已经达到果树生长发育的要求，却因土壤的散热途径较多，土壤温度上升速度缓慢。由于土壤温度与空气温度不协调，致使果树发芽迟缓，花期延长，这对于不加温塑料棚栽培的果树尤其明显。

1. 棚室土壤温度的变化规律

因为棚室的设施会阻止土壤向室外的直接辐射。这是南方果树设施栽培时，冬季的棚室土壤温度高于外界土壤温度的原因。

南方冬季的一天中，土壤温度最高值和最低值的出现时间，因土壤深度不同而异。如土表 5 厘米处，最高温出现在每天 13～14 时，随着土壤深度的增加，最高温出现的时间逐渐推迟。最低温出现在早晨日出前后。

1 月份棚室内的土壤温度，南北方向差异较大，以中部偏北处最高。因为土壤热辐射和热传导的作用，棚室的覆盖面积越大，土壤保温效果越好。

2. 棚室内土壤温度的调控

提高土壤温度的方法如下。

一是，用电热线或利用工厂余热或地热水等方法，增加土壤温度。

二是，采用地膜覆盖，减少土壤水分蒸发，增加土壤蓄热量，有利于土壤保温。

三是，增施有机肥，增加土壤温度。

四是，在棚室四周堆土或覆草，也有利于棚室内土壤保温。

三、果树设施湿度的调节

果树的生长离不开水。果树生长发育所需的养分要从土壤中吸收，而土壤中的养分只有溶解在水里才能被果树吸收、利用。光合作用所产生的有机物质也只有通过水才能从叶子运到其他器官。

果树如在生长发育过程中缺水，就会出现植株萎蔫，气孔关闭，同化作用停止。若严重缺水，则会使细胞死亡，植株枯死。

但若水分过多，又容易引起果树树根呼吸困难，严重时也会危及果树生长。因此，应根据设施栽培果树对水的敏感程度，用科学的方法监测和调节设施内的湿度，使之达到最适状态。

（一）设施内湿度的变化规律

1. 设施内外空气相对湿度的日变化动态

晴天和阴天设施内外空气相对湿度的日变化如图 3－1 和图 3－2 所示，其中，设施内的相对湿度为各观测点的平均值。不同天气条件下，设施内相对湿度日变化趋势比较接近，即日出后相对湿度逐渐下降，中午 13～14 时温度最高时，相对湿度达到最低值，以后逐渐回升，18～19 时以后上升并维持较高水平，夜间波动不大。总之，设施内相对湿度日变化趋势是早、晚最高，中午最低，阴天明显高于晴天。

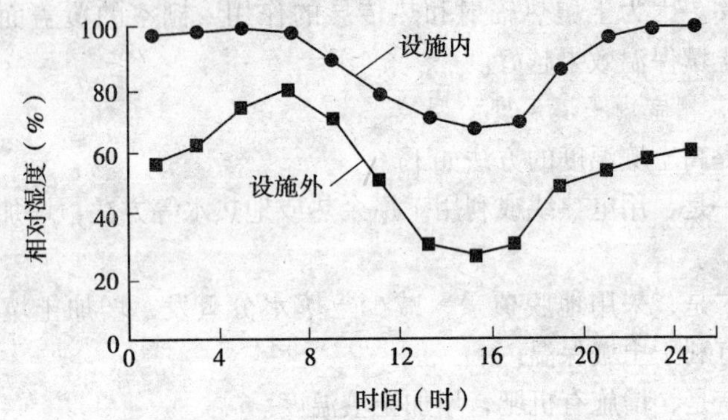

图 3－1　晴天设施内外相对湿度的日变化

在设施外，不同天气条件下相对湿度的日变化差异较大，阴天相对湿度远高于晴天。在晴天，除夜间升到较高水平外，其余时间特别是中午高温时段，相对湿度降至很低水平，谷底值只有 25%～30%。设施内外相对湿度之差是晴天大于阴天。

上述结果表明，无论是晴天还是阴天，设施内空气湿度均明显高于露地。中午前后，较高的相对湿度可使叶片保持一定的气孔开度，克服光合午休现象，对提高光合速率有利。但是，湿度过高也会带来很多不利影响，诱发多种植物病害。花期空气湿度过大，会影响花药散粉，对传粉受精不利。因此，降低棚内湿度是果树设施栽培的关键环节之一。

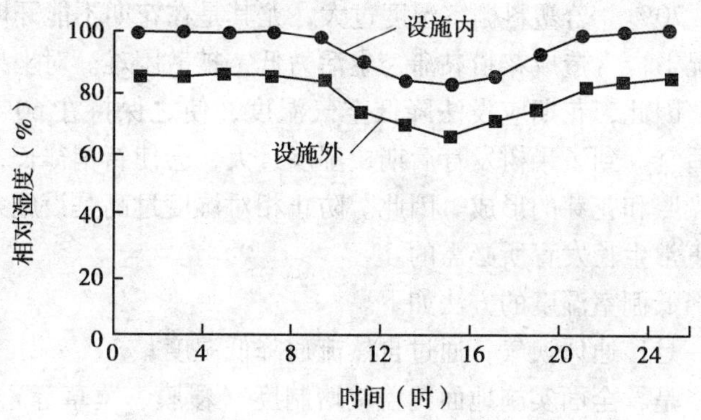

图 3－2　阴天设施内外相对湿度的日变化

2. 设施内相对湿度的空间变化规律

在设施内中央垂直方向上，白天（9～16 时）相对湿度随高度增加略有升高。原因是白天温度较高，大量水蒸气上升并会集于上层空间，提高了上层空间的空气湿度。夜间，设施内垂直方向上的相对湿度无明显差异（表 3－2）。

表 3－2　设施内相对湿度的空间变化

高度（米）	时间（时）											
	2	4	6	8	10	12	14	16	18	20	22	24
2.5	98	99	98	88.5	82	71	67	69.5	84	93.5	96	97
1.5	99	98	98	87	80	70.5	66.5	68	83.5	93.5	97.5	97.5
1	98.5	98.5	100	89	90	70.5	66	67.5	83	94	97.5	93.6
0.5	98	97.5	98	87.5	78.5	68	65	67.5	84	93.5	97	98
0.2	99.5	98	99	89	77	67.5	65	67	84.5	92.5	96.5	98
平均	98.6	98.2	98.7	88.2	79.5	69.5	65.9	67.9	83.8	93.4	96.9	97.8

（二）空气湿度及调节

塑料棚室的空气湿度一般是指空气相对湿度。扣棚后湿度迅速上升。空气湿度变化与气温变化呈负相关，温度高，湿度小；温度低，则湿度大。由于棚室夜间气温较低，空气相对湿度可达60%~70%。若塑料棚室湿度过大，尤其是在花期不能开棚放风的情况下，常造成花粉黏滞，生活力低，扩散困难。对坐果影响较大，因此，花期应设法降低空气湿度，使之保持在60%左右较为适宜。到了果树发育后期，湿度过大，会使新梢徒长，影响冠域光照和花芽的形成。因此。防止相对湿度过高是设施条件下果树正常生长发育所必需的。

降低棚室湿度的方法如下。

一是，通风换气，通过自然流通降低湿度。

二是，全面实施地面覆盖栽培制度（覆膜、覆草等），减少地面水分蒸发。

三是，控制灌水数量和次数，改变大小漫灌，以滴灌，微、喷灌为主；如不过分干旱，一般不浇水。

四是，如果湿度太大，可在棚内每隔一段距离用容器放置生石灰、碱石棉等吸水降湿。

（三）土壤湿度及调节

土壤湿度大小取决于土壤灌水次数、灌水量、果树的蒸腾量及地面蒸发量。同时土壤湿度也影响室内空气湿度，土壤湿度大则蒸发水汽较多，空气湿度相对较高；室内空气湿度较大，土壤蒸发量小，土壤湿度较为恒定，因此，设施栽培较露地栽培大大减少了灌水次数。果树棚室经塑料薄膜覆盖后，其土壤水分完全可人为调控。由于地面蒸发减少，土壤湿度相对稳定，棚栽的果树大多是核果类果树，抗旱怕涝，在一定程度上不需浇水。通过生产调查及试验结果表明，在棚室地面全部覆膜的情况下，整个生育期在扣棚前充分灌水，其他时期基本上不再浇水。设施果树比设施蔬菜、花卉的浇水次数和数量少得多。

四、果树设施内二氧化碳浓度的调节

棚室为相对封闭的系统，室内二氧化碳的含量及变化规律与大气显著不同。了解棚室内二氧化碳气体状况，并根据果树生长发育所需进行合理调节，具有重要意义。

（一）棚室内二氧化碳的变化规律

二氧化碳是果树进行光合作用的主要原料之一。在自然条件下，大气中二氧化碳的浓度为一恒定值，为330～360微升/升。日光温室和塑料大棚相对密闭，从外界补充的二氧化碳相对较少，其主要来源是土壤有机肥料的分解、土壤微生物和果树本身的呼吸作用。一天中，夜间的二氧化碳浓度高，在早晨日出前达到最高，有时可达850～1 000微升/升，超过棚室外二氧化碳浓度的2～3倍。日出后，随着温度和光照强度的增加，果树光合作用逐渐加强，室内的二氧化碳浓度逐渐下降，9时急剧下降，此时若开窗通风换气，二氧化碳浓度由于大气的补充，会很快上升，但仍低于大气中二氧化碳浓度。到16时，光照强度逐渐减弱，室温降低，但光合作用还在进行，室内二氧化碳浓度仍有所下降。日落盖帘后，果树光合作用停止，二氧化碳浓度又开始回升，一直到次日日出前达到最高值。

从以上变化规律可以看出，整个白天，棚室内二氧化碳浓度始终低于大气中二氧化碳浓度，尤其是19时至翌日11时，因温度低无法进行通风，造成棚室内二氧化碳严重亏缺，仅能达到果树生长基本需求量的1/3，严重限制了果树的光合作用，处于光合生产的“饥饿”状态。因此，根据棚室内二氧化碳变化规律，适时适量增施二氧化碳是提高光合效能、增加产量和提高果实品质的重要和有效途径。表3－3为增施二氧化碳对油桃产量和品质的影响。

表 3－3　增施二氧化碳对油桃产量和品质的影响

处理	生物量（克）	比叶重（克）	单果重（克）	平均株产（千克/株）	可溶性固形物（%）	可溶性糖（%）	维生素 C（毫克/千克）
增施二氧化碳	4 404.5	9.6	105	4.43	12.6	8.5	3.9
对照	3 918.6	7.8	102	3.7	10.4	7.6	3.7

注：资料来源于王志强，2001

（二）二氧化碳的施肥方法

果树保护地栽培中二氧化碳施肥方法主要有以下几种。

1. 增施有机肥

增施有机肥是经济有效的二氧化碳施肥方法。施入的有机物（如麦秆、稻草等）可显著增加土壤中的微生物含量，微生物利用有机物进行繁殖时分解有机物，释放二氧化碳。试验证明，1 吨有机物完全分解后能释放出 1.5 吨二氧化碳。

2. 通风换气

在室内温度条件允许或室温较高时进行通风，可迅速增加室内二氧化碳浓度，同时可调节气温、排湿。通风换气的时间随季节变化而变化。2 月份前，可每天在 10～14 时通风换气 1～2 次，每次 30 分钟；2 月份后，随棚内温度的升高，每天当温度达到 25℃时，即可通风换气，降至 22～24℃时关闭通风口。

3. 施固体二氧化碳气肥

固体二氧化碳气肥为褐色扁圆形颗粒，每粒 0.5～0.6 克。施用的方法是每亩可 1 次性施入 40～50 千克，在行间开 2 厘米深的条状沟，施入后覆土 2 厘米。施后 6～7 天开始释放二氧化碳，有效期可达 90 天。

4. 施用液态二氧化碳肥料

液态二氧化碳肥料是装在高压钢瓶内，放出气体可直接补充到棚室内。若以每支 40 升钢瓶装 25 千克液态二氧化碳肥料，两只可供 1 亩的棚室使用 27～30 天。方法是在钢瓶出口减压阀上装聚氯乙烯塑料管，再将塑料管架到距棚顶10～20厘米处，管上有1米间隔的出气孔，能使二氧化碳均匀分布在棚室内。

5. 化学反应法

即用工业硫酸与碳酸盐（主要是碳酸氢铵）反应产生二氧化碳。此法成本低，技术简单，便于管理。方法是在棚室内沿东西向每隔6～7米在棚架上吊挂一个抗酸腐蚀的容器，如塑料桶等。容器口略高于果树，每个容器内装入1千克稀硫酸，每天上午日出后1～2小时内向容器内添加80克碳酸氢铵，可连续加5天，当加入碳酸氢铵无气泡时，说明硫酸已经反应完毕。

6. 使用二氧化碳发生器

近年来，江苏无锡和浙江路桥等地都生产二氧化碳发生器。如路桥生产的二氧化碳发生器，是以煤球为原料，燃烧产生二氧化碳和其他物质，经过滤清除，输入棚室。

二氧化碳施肥过程中应注意的问题如下。

（1）掌握适宜浓度　自然条件下大气中的二氧化碳浓度达不到果树光合作用所需的最适浓度，保护地栽培为人工增施二氧化碳，提高果树光合作用提供了可能。但是，二氧化碳浓度过高，同样影响光合作用，甚至发生裂果、畸形果、卷叶和植株衰老等二氧化碳中毒现象。果树的二氧化碳补偿点和饱和点是棚室内二氧化碳施肥的重要依据。国外进行二氧化碳施肥时，多采用较低的浓度，为100～900微升/升。大量试验表明，果树保护地栽培二氧化碳浓度，在晴天时可以掌握在1 000～1 500微升/升，阴天掌握在500～1 000微升/升。施用二氧化碳肥后，为了提高其利用率，可适当提高棚室内温度。

（2）掌握果树生长发育的关键期　如在花芽分化盛期、果实膨大期等增施二氧化碳效果更加明显。

（3）只能在密闭的环境中进行　如果经常通风换气，施入的二氧化碳会散失到室外。

（4）掌握施肥的连续性　补充二氧化碳肥，必须连续施用1

个月以上，施用时间过短，效果不明显。

二氧化碳施肥是保护地栽培中获得高产优质的一项关键技术，但只有在加强肥水管理和田间管理的基础上，合理调控各项环境因素，才能达到最佳效果。

第四节　果树设施栽培的关键技术

一、品种选择技术

品种选择的正确与否，直接关系到保护地栽培的成与败。果树保护地栽培不仅要考虑品种的适应性、经济性和社会性，还应考虑栽培的目的性和特殊性。

（一）选择适应性强的品种

设施内温度高、湿度大，加之采取了密植栽培方式，因此，应选择对温度、湿度环境条件适应范围较宽，耐弱光，对土壤适应性强，对病虫害抵抗能力强的品种。

（二）选择需冷量少的品种

不同树种、品种的需冷量各不相同，决定了不同树种、品种在设施栽培中扣棚时间的早晚。品种需冷量越低，通过自然休眠的时间就越短，扣棚升温的时间也就可以相应提早，它的果实成熟期比露地栽培的果实成熟期提早的时间就越多。所以，在果树设施栽培中，要尽可能选择需冷量低的品种（表3－4）。

表3－4　不同树种的需冷量

树种	需冷量（小时）	树种	需冷量（小时）
扁桃	200～500	柿子	800～1 000
草莓	84～640	樱桃	600～1 300
杏	700～1 000	梨	900～1 600
李	700～1 200	苹果	1 400～1 600
桃	800～1 200	葡萄	850～2 000

（三）根据栽培目的选择品种

果树设施栽培，就其目标而言，有促成栽培和延迟栽培两种方式。作为促成栽培应以极早熟、早熟品种为主，充分体现其反季节的优势。而延迟栽培必须选择晚熟或极晚熟的品种。

（四）选择树体紧凑、矮化，易花、早果的品种

设施栽培空间有限，加之光照较差，应选择树体矮小、紧凑，当年形成花芽，第二年可开花结果的品种。

（五）选择优质鲜食品种

应选择果实个大，色泽艳丽诱人，果形整齐端庄，果面光洁，含糖量高，糖酸比适度，耐储运，商品性强和货价寿命长的优良品种。

二、果树破休眠技术

（一）落叶果树的休眠及低温需求量

落叶果树在年生长过程中有两个显著不同的阶段，即相对静止的休眠期和非常活跃的生长期，这是果树在长期的生长发育过程中形成的对外界不良环境条件的适应性。两个阶段相互联系，互为基础。

落叶果树自然休眠的解除需要一定量的低温积累，称为低温需求量，也称需冷量。对低温需求量的计算到目前仍有争议，有人认为≤10℃的温度对完成自然休眠有效。美国犹他州立大学的Richardson（1974年）提出了计算休眠结束的“冷温单位”，认为2.5～9.1℃打破休眠最有效。目前，多数人认为解除自然休眠最有效的温度为7.2℃。

落叶果树的低温需求量表现为“累加效应”和“记忆效应”，秋季进入休眠后，只要温度在0～7.2℃时，即使只有数小时或几十分钟，也会被准确地记忆下来，按时间的进程累加。

（二）打破休眠的方法

常用的有低温处理、高温处理、摘叶处理和化学药剂处理。

1. 低温处理

冷库低温处理在草莓设施栽培中广泛应用，方法是在草莓苗株花芽分化后将苗挖出，捆成捆，放入0～3℃的冷库中，保持80%左右的湿度，放置20～30天即可打破休眠。

2. 低温集中处理

在生产实践中，为使果树迅速通过自然休眠，在葡萄、桃和草莓等树种上采取“低温集中处理法”。方法是在深秋日平均温度低于10℃时，最好在7～8℃时开始扣棚保冷。扣棚保冷的做法是在棚室外加盖草苫、草帘等覆盖材料，但是覆盖材料的揭放与正常栽培时相反，即夜间揭开，开启风口做低温处理，白天盖上草苫并关闭风口，保持夜间低温，尽量使棚内温度维持在0～7.2℃，集中处理10～20天，可使其更快地通过自然休眠。

3. 高温处理

高温处理对打破葡萄芽的休眠有明显的效果。在36℃为上限的范围内，温度越高，打破休眠的效果越好。

4. 摘叶处理

摘叶对打破休眠有一定的作用。我国台湾栽培者在生产季节利用摘叶促进葡萄、桃和梨等果树休眠芽的萌发，可使葡萄1年3次开花，桃和梨1年2次开花。

5. 化学药剂处理

化学药剂如无机盐类、赤霉素、玉米素、6-BA、二氯乙醇、乙烯利等，都有打破果树休眠的作用。但化学药剂打破休眠往往效果不显著、不稳定，且易受环境的影响，目前，多用于试验，未能在生产中普遍应用。生产中较为人们接受的是葡萄保护地栽培中用石灰氮打破休眠的做法。石灰氮的学名为氰氨基化钙（$CaCN_2$）。葡萄经过石灰氮处理后，可比未处理的提前20～25天发芽。方法是每千克石灰氮加40～50℃的温水5千克，放入塑料桶中溶解，不停搅拌，经1～2小时，使其均匀成糊状，防止结块。使用前，在溶液中添加黏着剂（如吐温－20），用海绵、棉球蘸药涂抹枝蔓芽体。

石灰氮打破休眠处理的适宜期应在自发休眠最深时期结束。

三、整形修剪

设施果树的整形修剪要适应集约化管理的需要。采用的树形要能保证树体矮化，树冠各部位均匀受光。桃树、樱桃多采用自然开心形或开心形；在整形修剪中除借鉴常规整形修剪措施外，应尽量减少骨干枝级次，并尽早开张骨干枝角度，以促进早结果、集中结果，并控制树体生长。在修剪中应随时疏除或压下直立枝、多余枝。同时，注意控制留用枝生长，促进尽早形成花芽。对结果枝应注意回缩、更新，控制结果部位外移。

（一）树形

树形选择的原则应该是矮干、矮冠和少主枝，乔化果树所采用的树形一般为自然开心形，“Y”字形以及草地果园所采用特殊整形修剪方式。

1. 自然开心形

果树设施栽培，受空间限制，自然开心形北高南低为好，温室南部树形宜小。干高 30 ~ 50 厘米，主干顶端均匀分布 3 个主枝，各主枝以 45°角延伸。每主枝上分别留 2 个侧枝或不留侧枝直接着生大枝组，开张角度 60° ~ 70°。在主侧枝上培养大、中、小结果枝组。

常规的整形方法是，嫁接苗定干后的第一年冬剪时，选留在主干上错落生长的 3 个枝做主枝，剪留长度一般为 40 ~ 50 厘米，定植的第二年冬剪时，在 3 个主枝的顶端相距 20 ~ 30 厘米留两个侧枝，单数一边，偶数一边，侧枝开张角度 70°左右，剪留长度视树的长势而定。

在管理条件好的情况下也利用夏剪快速整形，根据树形要求对当年生枝留一定长度多次摘心。对不作主、侧枝的枝条进行拉枝、扭枝、别枝等方法缓势促花，这样可缩短整形时间，在肥水等其他管理条件好的情况下可当年成花。一般来说设施栽培果树，特别是盆栽控冠的情况下重视修剪但不强求树形，以促花结果为主要目的。

2. “Y”字形

“Y”字形是只留两个主枝的开心形。是日本果树设施栽培采用的主要树形。定植当年60厘米处定干。定植第一年冬剪时选留方向相反并伸向行间的两个主枝，角度为40°左右，剪留长度40~50厘米。其他枝可根据树种进行缓放、拉枝、扭枝、短截等，培养成不同类型的结果枝组。第二年冬剪时，在两个主枝上各选留2~3个侧枝，侧枝角度为60°左右，剪留长度因枝条长势而定。在主、侧枝上培养大、中、小型结果枝组。

3. 丛状形

丛状树形矮主干或无主干。在主干上可留3~5个骨干枝，在骨干枝上培养结果枝组。修剪方法是在设施栽培条件下，5月采收完后，截去全部树冠，在树干上只留3~5个长度为5~10厘米的短枝。这些短枝于6~10月又长出新枝，形成新的树冠，新发出枝当年可形成花芽。截顶后第一年形成的分枝较少，以后逐年增加。据意大利Beuini等（1985）进行保护地草地油桃园6年的观察结果表明，采用上述整形方法，6年平均单果重63克，单株结实数是72个，单株产量平均4.5千克，平均产量41.5吨/公顷。6年中树体生长发育状况如表3-5。

表3-5　采收后截顶对树的影响（1978~1983年平均）

整形方式	丛状式开心形
树高（厘米）	149.0
单株分枝数（个）	9.6
单株新梢数（个）	54.7
分枝长度（厘米）	70.8
单株花数（个）	672.0
丰产指数	0.6

4. “V”形整枝

采用“V”形整枝，即两大主枝开心形。不留主干和侧枝，只在主枝基部培养几个较大结果枝填补空间，树冠顶部距棚面20厘米。靠近后墙的树定干要高些，一般40厘米左右。

5. 小纺锤形

小纺锤形是应用较普遍的一种密植树形，主干高30~40厘米，树高1.5~2.5米。定干后在第一层选留3~5个主枝（结果枝组），长成后在中心干均匀分布8~12个主枝。

以上5种树形适合于核果类果树，具体采用哪种方式，可根据栽植密度，树种特性以及栽培管理方法而定，葡萄选用一条龙（蔓）整形、两条龙整形、小篱架或小棚架整形。

（二）修剪

1. 冬季修剪

以维持树形，保持树势平衡为主。对于生长过高，冠径伸长过长的枝条要进行回缩，以达到控制树冠维持应有大小为准。对于枝量过大，枝条过于密集的要进行疏枝。对于发育中庸的发育枝、结果枝，可根据枝条长短进行不同程度的短截。

2. 夏季修剪

夏季修剪应以控制枝条旺盛生长，解决通风透光，促进花芽分化为修剪目的。主要采用拉枝、扭枝、摘心、抹芽、疏剪、环刻、环剥等多种修剪方法。

设施栽培果树整形修剪不同于露地果树。总的来说，采用树形要能保证树体矮化，树冠各部能均匀受光，应尽量减少骨干枝的级次，并尽早开张角度，以促进早结果，并控制树体生长，总修剪量要轻，随时注意压下或疏除直立枝、多余枝，同时，注意控制留用枝的生长，促进尽早形成花芽。果枝着生部位要低，防止结果部位外移，随着树龄增大，树体的扩展，更应注意（特别是结果枝）回缩更新、控制树冠。

第四章　设施桃树和杏树的栽培技术

第一节　设施桃树的栽培技术

桃树是落叶果树中成熟较早的树种之一，它颜色鲜艳、味美可口、营养丰富，是人们非常喜爱的果品。但鲜桃不耐贮运，成熟和销售期集中，货架寿命短。因此，开展桃树设施促成栽培，对调节桃淡季供应、丰富人民生活、提高经济效益有着重要的意义。同时，桃树体相对较小，易于栽培管理，结果早，产量高。因此，桃被认为是最具有设施栽培价值的树种之一。

一、桃树的生物学特性

（一）生长结果习性

桃树是落叶性小乔木，干性较弱，树姿开张，幼树生长势强，其萌芽力、成枝力均强。桃芽具有早熟性，年生长周期中可以萌发多次分枝，可利用二次枝、三次枝加速培养树冠，并促进枝条转换为结果枝，做到两年结果，3 年丰产。

桃树根系较浅，需氧量较高，主要根群多分布在 15 ~ 60 厘米，土壤疏松，发根较深，土壤黏重发根较浅，1 米以下少有发根。

桃树枝条分为徒长枝、发育枝、结果枝，结果枝又分徒长式结果枝、长果枝、中果枝、短果枝、花束状果枝。各类果枝均能结果，其树龄、品种不同，其主要结果枝群有所不同。北方品种群幼龄树虽能见到长果枝，但结实率低，多以短果枝结果为好；南方品种群则以中长果枝结果为好。

桃树芽分叶芽和花芽，每叶节可着生叶芽、花芽或花芽与叶芽并生，并生者称之为复芽，复芽一般2~3个并生，中间是叶芽，两旁为花芽，亦有几个都是花芽或都是叶芽者。叶芽多着生在枝条下部，花芽和复芽多发生在枝条的上部，花芽为纯花芽，每芽开1花，花芽分化多在新枝接近停止生长或停长期进行。

（二）对环境条件的要求

1. 光照

桃树特别喜光，光照充足、日照时间长，枝条发育充实、花芽分化好、坐果率高、幼果膨大速度快、果个大、色彩光亮、含糖量高、品质优良。光照不足时，易发生徒长枝，枝条易枯死，枝条盲芽多、不充实，花芽质量差，坐果率低，色泽差，品质低劣。

因此，设施栽培桃树，要特别注意调整光照，要经常擦膜，保持采光面光亮、透光率高；地面要铺设反光膜，墙壁张挂反光膜，增强室内光照强度；树体应稀疏留枝，并要采用低干矮冠的自由纺锤形，以利改善设施内光照条件。

2. 温度

桃树喜冷凉，较耐寒。休眠期中，在-22℃的低温范围内，一般不会发生冻害，如果气温低于-23℃以下，则不宜栽培桃树。土温降至-10℃以下时，根系就会遭受冻害。花蕾期较耐低温，能耐-3℃左右低温，花朵次之，能耐-2℃左右低温，幼果期遇到-1℃低温就会发生冻害，温度越低，时间越长，冻害越严重。

桃树休眠期需要通过一定的低温量，才能正常地发芽、开花、结果。不同品种之间的需冷量差异较大，多数品种的需冷量，其低于7.2℃的时间总量应达到800小时左右。

桃树根系生长的最适宜温度为18~22℃，开花期最适宜温度为12~16℃，枝叶生长发育的最适宜温度为18~23℃，果实膨大期月平均温度达到24.9℃时，产量高、品质好，果实成熟期的温度以28~30℃为好。

3. 水分

桃树极怕水涝，地面短期积水，就会引起植株死亡。土壤水分过多，会引起枝条徒长和流胶现象发生，花芽分化不良，果实色泽差，并能引起果实开裂和病虫害严重发生。土壤水分不足，会引起根系生长缓慢、枝条生长弱、落果严重、果实个小、质量差。严重干旱，会造成大量落叶、甚至导致死树现象发生。

4. 土壤与土壤营养

桃树适应性强，对土壤要求不严，一般土壤都能栽培，但在有机质含量高、透气性好的壤土、沙壤土地中栽培，其根系发育好，树体健壮。桃树适于 pH 值为 5 ~ 6.5 的弱酸性土壤，土壤石灰含量高、pH 值高于 7.5 以上时，表现缺铁，易发生黄叶病，特别在排水不良时，黄叶病发生更为严重。

二、桃树品种的选择

（一）设施栽培品种选择的原则

1. 选择特早熟或早熟的优良品种

保护地栽培桃树的原则是反季节生产，应在本地和南方地区的露地桃上市之前成熟，才有明显的反季节优势。生育期越短、成熟期越早，价格也就越高，经济效益也就越好。

2. 选择需冷量低的品种

果树落叶后进入自然休眠状态，需要满足一定的需冷量，才能完成花芽分化过程，否则解除休眠后不能正常萌芽开花，这种打破落叶果树自然休眠所需的有效低温时数叫需冷量。桃树通常需要在 0 ~ 7.2℃ 的低温时数即需冷量为 600 ~ 1 200 小时。保护地栽培桃树必须满足品种的需冷量才能扣棚升温。品种的需冷量越短，通过休眠的时间越短，扣棚升温的时间也就可以相应提早，比露地果树成熟期提早的时间也就越长，所以，应尽量选择需冷量低的品种。选择时应注意果实发育期与需冷量之间并没有必然的联系，并非早熟品种其需冷量就低。

3. 选择早实、丰产性、自花结实和抗性均强的品种

保护地栽培桃树比露地栽培成本增加，为降低设施栽培的成本，提高棚内空间的利用率，最好选择容易成形、树体矮化、枝条生长紧凑、成花容易、早实、丰产的品种，而且尽可能选择花粉量大、自花结实率高的品种。但同时也需配植授粉树，比例为1∶3～1∶8，授粉品种最好与主栽品种需冷量相同或略短，花粉量大。为生产绿色果品，最好选择抗病性强的品种，以减少棚内用药次数。

（二）保护地主栽品种

目前，桃树在保护地生产中的主栽品种较多，各地都选育了适合本地特点的棚栽品种。这些品种基本上都具备自花结实的特点，且很少配置授粉树。在种类划分上，油桃品种多，普通桃品种少；在树性分类上，几乎都是普通类型，短枝型品种与矮化砧木应用少。常见的品种主要有以下几种。

1. 油桃

（1）曙光　是最有前途的棚栽品种。需冷量720～800小时，果实生育期68天。果实长圆形，平均单果重125克，最大的210克，果实全面浓红，肉质细脆，味甜，属甜油桃品种。长势中等，枝条节间短，易成花，兼具短枝型属性。山东省中部地区6月中旬成熟，保护地促成栽培可于4月中旬上市。

（2）超红珠　北京市农林科学院植保所甜油桃育种组育成。果实长圆形，平均单果重120克，最大果重285克，全面着红色，果皮底色绿白，外观艳丽，果肉白色，肉质细，风味浓甜，有香气，品质优，可溶性固定物含量11%～12%，半黏核，白花结实，丰产性强，耐贮运。青岛地区6月上旬成熟，果实发育期55天，大棚栽培4月上旬成熟。

（3）早美光　该品种原产美国，是山东省桑树研究所1987年从澳大利亚引进的油桃品种。需冷量为600小时，果实生育期为72天左右。果实近圆形，平均单果重110克，果皮光滑，着

色全面鲜红。果肉细脆，风味酸甜。香气较浓。耐贮运。自花结实，白花授粉，坐果率高，丰产、稳产性强。

(4) 中油4号　该品种由中国农业科学院郑州果树研究所育成，长势中等，树冠开张，枝条平均节长1.67厘米。叶片中大，深绿色，椭圆披针形，有波纹，落叶时叶片变成淡紫红色。花为小型铃形花，紫红色，雌蕊略高于雄蕊，花粉极多。萌芽率和成树率均强，各类果枝均能结果，以长果枝结果为主，长果枝占91%，中果枝、短果枝分别占6.7%和2.3%。花粉极多，坐果率很高，极丰产。果实近圆形，平均单果重138克，全果均能着深红色，果实大小较整齐，果肉硬溶质，黄肉，可溶性固形物含量达13.8%~14.6%，浓甜，有香气，品质极优且裂果很轻。

(5) 丽春　北京市农林科学院植保所育成。果实近圆形，平均单果重125克，最大果重260克，果面全红色，果皮底色绿白，颜色美观，果肉白色，肉质细嫩，甜脆可口，风味香甜，硬度较大，可溶性固形物含量11%~12%，品质优，半黏核，耐贮运，自花结实，极丰产。青岛地区露地栽培6月中上旬成熟，果实发育期55天，大棚栽培4月上旬成熟。

(6) 6-25　山东省果树所从美国引进。果实近圆形，平均单果重170克，最大果重300克，大棚栽培条件下，平均单果重220克，最大果重400克，果顶平，缝合线中深，果皮厚，底色黄绿，果面红色或粉红色，果肉乳白，风味浓香甘甜，含可溶性固形物11.8%，半离核，不裂果。耐贮运，丰产。青岛地区露地栽培6月下旬成熟，大棚栽培4月下旬成熟。

2. 水蜜桃

(1) 春花　该品种果实近圆形，果型整齐。平均单果重86克，最大单果重140克。果实发育期60~65天，年生育期233天左右。果顶圆，缝合线浅，较对称，绒毛中等。果皮底色黄绿，果顶及阳面覆盖斑点状紫红色，覆盖面占全果的50%，易剥离。果肉白色，顶端少量红色。近核处无红色，肉厚，质软，汁液中等，纤维中等。风味甜，有香气。含可溶性固形物9%～11%。黏核，核较大。郑州地区露地栽培，6月上旬果实成熟，树体生长健壮，长势中等。长果枝、中果枝、短果枝均可结果，以长果枝、中果枝结果为主，坐果率21.2%～24.5%，生理落果轻，丰产性能好，栽培时须疏果；花为蔷薇型，花粉量多。设施栽培4月中旬成熟。

（2）春蕾　该品种果实卵圆形，平均单果重63克，最大单果重117克，果实生育期56天，年生育期251天。果实偏小，两半部较对称，基部不平；果顶尖圆，梗洼中等，缝合线浅，成熟状态不一致，顶部先熟。果皮底色乳黄，顶部或阳面着红晕，绒毛中等，易剥离。果肉乳白色，近核处色与果肉色同，顶部有少量红色素，肉质软溶质，汁液多，纤维中等，风味淡甜。含可溶性固形物7%～9%。香气淡，核软，半离，易碎裂。树姿开张，树势强健。各类果枝均能结果，以长果枝、中果枝为主；复花芽居多，花芽起始节位为第2节；坐果率高，为99%；生理落果轻，丰产性能良好。花粉量多。在郑州地区露地栽培，5月底6月初果实成熟，设施栽培4月上旬成熟。

（3）早霞露　该品种果实长圆形，平均单果重85克，最大单果重116克。果顶平圆，两半部较对称。果皮底色浅绿白，顶部着少量红晕，绒毛稀疏，易剥离；果肉乳白色，近核处无红色，肉质半溶，汁液较多，风味较甜，略有香气。可溶性固形物含量8%～10%。黏核，核中等大，不碎裂。花为蔷薇型，花粉量多。树姿开张，树势中庸，长果枝起始节位第2节、第3节，复花芽多，丰产性能良好。在杭州地区露地栽培，5月下旬果实成熟，果实发育期55天左右。设施栽墙4月中旬成熟。

（4）早美　北京市农林科学院林果研究所以庆丰×朝霞杂交培育而成。1998年通过北京市农作物品种审定委员会审定。平均单果重120克，最大200克。果实近圆形，果型整齐，缝合线浅，两侧较对称，着色良好，树膛内外均为玫瑰红色。果肉味甜、多汁，风味浓，有香气，含可溶性固形物9.5%。黏核，核小。保护地栽培在河北省唐山、秦皇岛地区3月中下旬即可成熟。该品种长势强，树姿半开张，花芽形成较好，复花芽多，花芽起始节位低，开始结果早，适应性强，树体及花芽抗寒。适宜长梢修剪。

3. 蟠桃

（1）早露蟠桃　该品种果型扁平，中等大，平均单果重68克，最大果重95克。果顶凹入，缝合线浅。果皮易剥离，底色乳黄，果面50%着红晕，绒毛中等。果肉乳白色，近核处微红，硬溶质，肉质细，微香，风味甜，含可溶性固形物9.0%。黏核，核小。果实可食率高。果实生育期63天。树姿开张，树势中庸。各类果枝均能结果，丰产。花为蔷薇型，花粉量多。栽培中要注意疏花疏果，以增大果个。在郑州地区露地栽培，果实于6月10日左右成熟。设施栽培4月上旬成熟。

（2）早蜜蟠桃　该品种果型扁平，平均单果重65.9克，最大单果重114克。果顶圆平凹入，两半部对称，缝合线中深，梗洼浅而广。果皮底色浅绿白，果顶部有紫红色斑点或晕，其覆盖面占50%～70%，绒毛密，外观美。果肉乳白色，软溶质，纤维少。香气中等，甜味浓。含可溶性固形物11.3%。树姿较开张，树势强健。以长果枝结果为主，复花芽居多。花为蔷薇型，花粉量多，丰产性能好。果实生育期为75天，在郑州地区露地栽培，果实于6月19日左右成熟。设施栽培4月中旬成熟。

（3）新红早蟠桃　该品种果型扁平。平均单果重67.4克，最大单果重85.0克。果顶圆平凹入，两半部对称，缝合线中深，梗洼浅而广。果皮底色浅绿白，果顶部有鲜艳的玫瑰色点或晕，覆盖程度为40%～60%，外观美。绒毛中等。果皮容易剥离。果肉乳白色，柔软多汁，纤维中等，芳香爽口，甜酸适中，含可溶性固形物10.5%。核半离，极小，扁平。树姿开张，树势强健，各类果枝均可结果，以长果枝结果为主，丰产性能好。注意疏花疏果，以增大果个。果实生育期为70天。在郑州地区露地栽培，果实于6月12日成熟。设施栽培4月中旬成熟。

（4）瑞蟠17号　北京市农林科学院林业果树研究所于1997年以幻想为母本、瑞蟠2号为父本杂交育成。果实扁平形，果实中大，平均单果重127克，最大单果重145克。果型圆整，果个均匀，果顶凹入，不裂顶，缝合线浅，梗洼浅而广，果皮底色为黄白色，果面全面着玫瑰红至紫红色晕，茸毛中等。果皮中等厚，易剥离。果肉黄白色，皮下少红丝，近核处无红色。肉质为硬溶质，多汁，纤维少，风味甜，核较小。果核浅褐色，扁平形，半离核。可溶性固形物含量12.3%。树势中庸，花芽形成好，复花芽多，花芽起始节位低，以长、中果枝结果为主。自然坐果率高，丰产性强。

三、育苗技术

（一）砧木的选择

桃应用最普遍的砧木是山桃与毛桃，也可用杏、李、樱桃等异属植物作为桃的砧木。设施栽培要求苗木具有很好的抗寒能力，山桃适应性强，耐旱、耐寒力强，亦耐盐碱，与桃嫁接成活率高，但山桃不耐湿。毛桃适应性广，比较喜高温湿润气候，与桃亲和力强，且其根系发达，接后生长强，寿命比山桃长，但在积水地上生长不良。毛樱桃与桃嫁接矮化作用明显，与桃亲和力强，一年生苗可嫁接，接后一年能全部形成花芽，第二年结果。但也有嫁接不亲和表现，出现小脚症状。目前，设施栽培应用较多的是毛樱桃，有利于树体矮化，树冠紧凑，早成花、早结果、早丰产。采用毛桃和山桃乔化砧嫁接繁殖的苗木，必须采取相应的强行矮化技术措施。

（二）繁殖方法

用于温室和大棚中栽培的桃树苗木，一般选用一年生苗木，也可大苗栽植。

1. 种子处理

桃树育苗可采用毛桃、山桃、毛樱桃等作砧木。毛桃核较大，每千克200～240粒。种子采收后必须经过层积处理。1月下旬将清洗过的种子在清水中浸泡1～2天，然后用种量3～4倍的含水60%的湿沙混拌均匀，放入容器中，置于0～7℃的背阴处，经100～120天即可解除休眠进行播种。若采用毛樱桃作砧木，在当年6月采收后即可进行湿沙层积处理。

2. 播种

3月下旬至4月上旬，经过整地、施肥、做垄后即可播种。一般采用大垄双行，垄间距70厘米，行间距20厘米，株距15厘米左右，开沟点播，每亩大约播种10 000粒种子。覆土后最好盖地膜。出苗后加强肥水及病虫害防治等管理，促进砧木苗迅速生长、加粗，到6月上旬即可进行嫁接。

3. 繁殖方法

桃的繁殖方法有实生繁殖、嫁接繁殖和扦插繁殖，以嫁接繁殖为主。春枝接或秋芽接均可。秋芽接较简易省工，成活率高，若在夏季5～6月嫁接可当年成苗。芽接成活的关键之一是切口不可过深，以免流胶影响成活，具体方法是从品种纯正的优良母本树上，采取生长健壮的新梢作接穗，在砧木上距地面15厘米处采用“T”形法芽接。嫁接口下留5片叶，接口上方留2厘米剪砧。

(三) 苗木管理

作为设施栽培繁殖的苗木要求生长健壮，无病虫、品种纯正。因此，苗期管理一般更严格，若培育大苗，苗木管理年限较长，一般2～3年。

1. 剪砧、除萌

上年秋芽接的苗木，第二年4月初剪砧，剪砧后栽植在直径40厘米的花盆内，萌芽后及时抹除砧木萌芽。

2. 摘心

当芽接长到10~12厘米时摘心，促发新梢，选3个方位角各为120°的副梢作一级主枝，一级主枝长到15~20厘米时，进行第二次摘心。从一级主枝前端萌发的二次副梢中选对称生长的两个枝为二级主枝，二级主枝长到20厘米以上还要进行第三次摘心，每次摘心萌发的副梢，除留作主枝外，其余视空间大小选留培养枝组，充分利用桃芽的早熟性在当年整成开心树形。

3. 肥水管理

生长初期每10天左右灌1次水，并及时松土。松土前每盆追施腐熟的鸡粪50克左右，追施2~3次。11月下旬开始将桃苗从花盆中移栽，移栽前每亩施农家肥5 000千克。

4. 病虫防治

注意防治蚜虫、潜叶蛾、细菌性穿孔病等，并适时中耕除草。苗木在当年秋季可长到100厘米以上，基部1厘米左右，达到出圃标准。若培育大苗，三主枝培养成形达到出圃标准。

四、定植技术

定植分两种方式：一种是先栽植建园，后建温室；另一种是先建温室，后栽植。先建温室者，应栽植花芽分化良好的二年生大苗。后建温室者可栽植一年生嫁接苗，也可栽植二年生大苗。

栽种密度在温室内栽植桃树，为了提高产量与经济效益，应科学密植，采用南北行向，行距2~2.5米，株距1~1.5米，每亩栽植260~330株。

栽植时期定植一般在冬末初春（3月初至4月初）时进行。

栽植方法按行距开挖30~40厘米深、100厘米宽的栽种沟，清理整平沟底，平撒一层软麦草，草上铺设幅宽160厘米的塑料薄膜，把沟底沟壁封闭，以利保水保肥。结合回填土施基肥，每亩土地，施腐熟牛马粪（或圈肥）4 000~5 000千克（或鸡粪2 500~3 000千克）、过磷酸钙100千克、钙镁磷肥50~100千克、硫酸钾50~75千克。如果土壤偏碱性，每亩土地，还须增施石膏150千克、硫酸亚铁15～20千克、酒糟或醋糟500～1 000千克。磷肥和硫酸亚铁不可单独使用，一定要与有机肥料掺和均匀、发酵后施用，以提高肥效，并防止被土壤固定失效。65%的肥料与挖掘出的土壤混合分层填入沟内，填满沟后先灌水沉实，水渗透后继续挖掘行间土壤，与剩余的35%肥料混合继续封沟，最后撒施有机生物菌肥100千克，撒施免深耕土壤处理剂200毫升，结合撒肥，把定植沟封成弧形高垄畦，垄高30～35厘米、宽80～90厘米。

桃树苗栽植前，须用1 000倍液“天达-2116”（壮苗专用型）+1 000倍液旱涝收+3 000～6 000液倍天达恶霉灵+2 000倍液天达高效氯氟氰菊酯药液，浸泡25～30分钟，杀灭苗木携带的病菌与害虫，壮根壮枝，促苗健壮。

栽苗时在土垄顶部中央，按100厘米株距开挖深25厘米的定植穴，小苗在南、大苗在北，由南向北，桃苗由小到大排列，植入定植穴内。栽植时注意伸展根系，埋土深度达根颈即可。栽后穴内浇水。

温室内栽培桃树，浅开沟、起高垄畦定植，在多雨的夏秋季节，可以防止水涝灾害危害桃树；进入严寒季节，又有利于提高桃树根系周围的土壤温度，促进根系发育，根系活动早，生理活性强，地上、地下和谐，不会出现先发枝叶、后开花的现象。

沟底铺设干草与农膜，既可减少肥水流失，节约用肥、用水；还能起到限制根系发展，抑制营养生长，矮化树体，促进花芽分化，利于结果的作用。同时，在严冬季节又能大大减少耕作层土壤的热量向下传递，利于提高、稳定耕作层土壤温度。

五、土肥水管理

（一）土壤管理

多年或几年进行连续覆盖栽培，由于自然雨水淋失作用减弱，使设施内土壤多余盐分积累，造成土壤盐渍化程度加重，需采取以下土壤管理措施：采收后及时揭除棚膜或漫灌洗盐；增施有机肥，减少无机肥用量；每年深翻改土，改善土壤物理状况；栽培期间，地面覆膜或盖草。

（二）水肥管理

1. 水

桃树耐旱怕湿，在灌水管理上要适度，以免造成湿度过大，引发各种病害，对开花、坐果、新梢生长产生不利影响。其具体方法为：花期适当控水，以利提高坐果率；坐果后至摘果前适当浇2~3次水，以利提高产量和品质，但采果前15~20天内不要浇水，以防采前落果、裂果等。在地面覆盖的条件下，可在扣棚前浇足水，扣棚后地面蒸发失水量少，使室内土壤墒情稳定，整个生育期若土壤不缺墒可不再浇水。

2. 肥

设施内肥料自然淋溶流失较少，因此无机肥的使用量应比露地适当减少。由于棚内温度高、湿度大，追肥不当易造成枝梢徒长，生理落果严重，因此要严格掌握追肥量与数量，除注意施好基肥外，生长期追肥也是必不可少的。追肥可分为：早春桃发芽前，每亩追二铵20千克，以促进芽的萌发；幼果期和硬核期，每亩追二铵20~25千克；果实采摘后补肥，每亩追二铵20千克。另外，因为桃树需氮、磷、钾肥中尤其以钾肥最多，在每次追肥的同时每亩可外加硫酸钾15千克。施肥后马上浇水。

根据桃树长势的强弱，可进行叶面喷肥。花期可喷施1次0.2%的硼砂或硼酸，以提高坐果率；花后至果实成熟期可喷0.3%磷酸二氢钾2~4次，每隔10~15天喷1次，以提高产量和品质；结合喷药可向叶面喷施0.2%尿素，或从谢花后10天开始，每隔10天喷施1次0.3%尿素+0.5%磷酸二氢钾，连续喷2~3次。

试验发现，桃树经连续3年设施栽培，树体枝条细弱、叶片大而薄，光合性能变弱，树体贮藏营养减少，对坐果、果实发育及品质造成较大负效应。因此，应加大有机肥施用数量，养根壮树，改土减盐。9月底至10月中旬及时施足基肥（每亩2 500 ~3 500千克）。

六、整形修剪

设施内光照弱，而枝梢密生旺长，造成冠域光照恶化，通过合理的整形修剪可调节光照状况。

冬剪时及时疏除遮光大枝、密生枝、背上直立和过大过高枝组；疏除衰弱枝、纤细枝；应尽量多留花芽；改变露地条件下冬剪枝枝必动、短截过重的手法；适当长留短截更新，强壮枝、长硬枝应缓放不截。

设施物候期的提前，夏季修剪亦相应提前，当新梢长至20厘米左右时进行第1次修剪，及时疏除背上的旺梢、密生枝、竞争梢，摘心抹芽控制二次梢、三次梢的发生，使整个树冠结构合理、通风透光。

（一）与整形修剪有关特性

一是，极喜光树种光照不足，小枝易枯死，必须做到树冠内部透光，上不遮天，树势开张，枝组开心。

二是，极性强，易出现上强下弱、背上强、背下弱的现象。整形修剪要注意使骨干枝左右拐弯，多疏先端枝，背上不留大枝组。

三是，芽具早熟性，一年内有多次生长，必须强调夏季修剪，利用二次枝、三次枝加速整形，培养枝组。

四是，萌芽力、成枝力强、潜伏芽少，因此，更新较困难，应注意枝组经常更新。

（二）树形选择

定植后，在距地面20 ~30厘米的饱满芽处剪截定干，一般应南低北高。

树形应选择整形容易，结果早，易丰产的树形。主要有以下3种。

1. 三大主枝自然开心形

设施栽培桃树，受空间限制，以自然开心形和北高南低的半扇形为好，即靠棚室北半部的选用自然开心形，南半部的选用半扇形。树干定干高度以 0.5 米左右为宜，树冠高度应低于棚膜 0.3～0.5 米。

2. 二大主枝自然开心形

主干高 20～30 厘米，其上着生两个大主枝，主枝角度为 50°～60°，主枝上直接着生大、中、小型结果枝组，大枝组都着生在主枝的侧下方。树体高度控制在 1.5 米左右，这种树形骨干枝少，结果枝组和结果枝相对较多。

3. 匍匐扇形

这种树形主要应用在温室前底角空间矮小地方。在苗木定干后，树干向行间拉成与地面呈 35°～40°角，在主干上直接着生大、中、小型结果枝组。这种树形结构简单，造型容易，光照条件好。

（三）修剪技术

修剪的主要任务是要保持树势平衡，及时疏除过密枝、无果枝、徒长枝、直立枝，尽量减少内膛枝量，创造良好的通风透光条件，及时更新果枝，促后抑前，防止结果部位外移。总的来说修剪量要轻，防止刺激徒长。

苗木萌发后，选留上部 3～4 个新梢，下部芽全部抹除。当新梢长到 25 厘米左右进行第 1 次摘心，促进下部发出较多副梢。当副梢再长到 25 厘米左右进行第二次摘心。

秋季落叶后到（温室升温）萌芽前进行轻剪，尽量多留结果枝和花芽，对中果枝、长果枝在复花芽或单花芽前叶芽处轻度短截，短果枝不剪，对过密枝条进行适当疏除，有花芽的也可以结果后疏除。主枝延长枝要在饱满芽处短截。

桃树经过一定休眠时间即可扣棚升温，促其萌芽开花，这时应将主干或着生部位不当处的芽抹除。中长果枝坐果后，为避免营养生长过旺、产生落果，当新梢长到15厘米左右即可进行扭梢，对骨干枝上延长生长的新梢或有空间处的新梢，长到25厘米左右摘心，促使副梢生长，扩大树冠，对没有坐果的枝条随时疏除或缩剪。当果实成熟采收后，撤除棚膜，对临时植株可重回缩，修建后移出温室，没有生长空间的临时性枝条应从基部疏除。有生长空间的枝条应回缩，促使下部结果枝组上的新梢继续生长，骨干枝和结果枝组上的新梢长到25厘米左右进行摘心，到6月下旬共摘心1~2次。到8月上中旬，对生长过密的枝条从基部疏除，对直立生长过大的枝组可回缩修剪。

秋季落叶后到萌芽前，对主枝的延长枝和结果枝在饱满芽处短截，对影响骨干枝生长的结果枝组进行疏枝或回缩修剪。对中果枝、长果枝仍然实施轻度短截修剪，短果枝不剪、过密者可以疏枝。这样经过3~4年，整形已基本完成。以后每年遵循上述修剪方法即可。若各植株的主枝头已交叉生长，可采取放出去缩回来的方法进行修剪，使每行植株间保留30~40厘米的空间，利于通风透光和管理工作的正常进行。

第二节　设施杏树的栽培技术

一、杏树的生物学特性

（一）生长结果习性

杏树为高大的乔木，比桃树树体高大，其寿命可长达百年以上。杏树根系比桃树发达，在土壤较为疏松的梯田中，其垂直根可深达地下5米以上，水平根可伸长近20米，是枝展的2~3倍。

杏树生长势次于桃树，其芽亦具有早熟性，条件适宜时可发生2~3次分枝，同样可以利用其发枝级次多之特性及早整形，实现早成形、早开花结果、早丰产之目的。杏树枝条萌芽力、成枝力弱，很少发生徒长枝，枝条基部芽多呈潜伏状态，不萌发，其寿命可长达20~30年，可利用重刺激使其萌发，培养新主枝，更新树冠。

杏芽呈单芽或2~3芽并生，并生者称之为复芽，单生叶芽多着生于枝条基部或顶部，单生花芽多在新梢或副梢的顶端，同一枝条，上部多着生单芽，下部多为复芽，3芽并生时，中间为叶芽，两旁为花芽，这种花芽坐果率较高。

杏树结果枝可分为长果枝、中果枝、短果枝、花束状果枝4类。各类果枝均能结果，以短果枝和花束状果枝结果能力较强。杏树花芽为纯花芽，1芽1朵花，其分化速度比桃树快。

杏树花芽数量多，但只有雌蕊长于或等于雄蕊的花有可能受粉坐果，退化花和雌蕊短于雄蕊的花难以坐果。

（二）对环境条件的要求

1. 光照

杏树亦为喜光树种，光照充足时，枝条发育充实、花芽分化好、坐果率高、幼果膨大速度快、果个大、果面色彩鲜艳光亮、果实含糖量高、品质优良。反之枝条易徒长，花芽质量差，退化花多，坐果率低，色泽差，品质低劣。

因此，设施栽培杏树，亦应注意调整光照，要经常擦膜，保持采光面光亮、透光率高；地面要铺设反光膜，墙壁张挂反光膜，增强室内光照强度；树体应稀疏留枝，并要采用低干矮冠的自由纺锤形，以利改善设施内光照条件。

2. 温度

杏树喜冷凉，耐严寒。在－30℃或更低的温度范围内能安全越冬。但花蕾及花器只能耐－2℃左右低温，温度继续下降就会发生冻害，温度越低，时间越长，冻害越严重。杏树亦耐高温，日平均温度达36℃，极端高温达43.9℃，仍能正常生长。杏树开始生长需要平均气温11℃，平均气温1.9~3.2℃时开始落叶。杏树开花期适宜气温为12~18℃，气温高于18℃，花期缩短，坐果率低。

杏树休眠期需冷量比桃树少，其低于7.2℃的时间总量600小时左右即可正常发芽、开花结果。

3. 水分

杏树因根系发达，极耐干旱，但在枝条旺盛生长期和幼果迅速膨大期，土壤水分不足，会引起树势衰弱，果实发育不良，品质差；花期遇到干风，柱头干燥，影响授粉受精，坐果率低。

杏树亦极怕水涝，地面短期积水，就会引起植株死亡。果实成熟期土壤水分过多，会引起流胶和果实开裂现象发生，且病害严重。

4. 土壤与土壤营养

杏树适应性极强，对土壤要求不严，各种土壤都能栽培，但在有机质含量高、透气性良好的壤土、沙壤土地中栽培，其根系发育好，树体健壮，结果良好，果实品质优良。

二、设施杏树的品种选择

在华北地区，较早熟的杏品种从5月下旬开始成熟，最晚熟者为7月下旬。果实发育期为55~100天。绝大多数品种适于设施栽培。

杏原产我国，栽培历史悠久，分布极广，品种繁多，各地均有自己的地方品种。设施栽培应选择果实大、成熟早的品种。杏自花结实率很低，在选择主栽品种时，也应注意选择与主栽品种亲和力强的授粉品种。目前，我国栽培的品种主要有以下几种。

（一）凯特

该品种引自美国，果实大，平均单果重92克，最大单果重138克。果实近圆形，果皮底色浅黄，果面鲜红色，有光泽，极美观，果肉黄色，质细浓香，味甜可口，鲜食品质佳。嫁接树栽后第2年开始结果，4年生株产32千克，长势强，发枝粗壮，分枝力强，成形快，早果性好，完全花的比例高，自花结实力强，适应性较强。在山东省泰安于6月中旬成熟，较耐贮运。

（二）山黄杏

该品种原产于北京。6 月中下旬成熟。果实大，平均单果重 70 克，最大单果重 80 克。果实大小整齐，近圆形；果皮底色橙黄，阳面有片状红晕；果肉橙黄色，肉质细，汁多味酸甜。可溶性固形物含量为 13.0%。半离核。丰产性能好，3 年生平均株产 21.5 千克。

（三）骆驼黄

该品种原产于北京。5 月底至 6 月初果实成熟，平均单果重 49.2 克，最大单果重 78 克；圆形，果顶平圆微凹；果面底色橙黄，阳面有暗红晕；果肉橙黄色，肉质松软，汁液多，纤维中等，风味酸甜；可溶性固形物含量为 11.5% ~ 15.0%。黏核。自花结实率低。露地盛果期株产 50 千克左右。

（四）金太阳

该品种是山东省果树研究所 1994 年从美国引入的。5 月下旬果实成熟。单果重 53.8 克，最大单果重 97 克；果皮金黄，阳面透红，果味甘甜，香味浓厚，品质上等。含可溶性固形物 15%。离核，核小。适应性强，耐瘠薄，抗低温。花器发育完全，白花结实、坐果率高。

（五）红丰

果实近圆形，稍扁，果顶平，平均单果重 56 克，最大单果重 70 克，缝合线较明显，两半部对称；梗洼圆形，中深，果面光亮，果皮底色黄色，2/3 果面着艳丽的鲜红色，极美观。果肉橘黄色，肉质细，纤维少，汁液中多，具香味，味酸甜爽口，风味浓，品质上等。可溶性固性物含量 14.89%，半离核，苦仁，极早熟。树冠开张，枝条自然下垂，多年生枝紫红色，当年生枝阳面为鲜红色，皮细光滑。萌芽率高，成枝力较高，二年生幼树或高接第 2 年就能开花结果，自然授粉坐果率高，丰产性强。

（六）新世纪

果实卵圆形，果顶平，平均单果重 68.2 克，最大单果重 90

克，缝合线深而明显，两半部不对称，果面光滑，果皮底色为橘黄色，彩色为粉红色，外观极美。肉质细，香味浓，味酸甜，风味极佳，品质上等。可溶性固形物含量15.2%，离核，苦仁，成熟极早，泰安地区为5月26日前后，适宜棚栽，树冠开张，枝条自然下垂，具有自花结实能力，开花晚，成熟早，自然授粉坐果率高于红荷包、八旦水杏等目前生产上主栽品种。

（七）大棚王杏

果实长圆形或椭圆形，梗洼深广，果顶稍凹，缝合线中深，两侧不对称，平均单果重108克，最大单果重200克。果面绒毛细短，较光滑，底色橘黄，阳面着红晕，外观美丽。果皮中厚，果肉黄色，肉质细嫩，纤维少，汁液较多，可溶性固形物含量12.5%，风味甜，具香气，品质佳，离核，较耐贮运。树势中庸健壮，树姿开张，树冠较稀疏，幼树生长势强，结果后形成大量中短枝和花束状果枝，趋向中庸，萌芽力、成枝力中等，早果性强。在山东泰安3月上旬萌动，始花期3月20日前后，盛花期3月24日前后，花期持续5～6天，5月中下旬果实开始着色，6月初成熟，果实发育期65天。

三、育苗技术

杏的繁殖方法有两种：一是实生繁殖，二是嫁接繁殖。实生繁殖多采用于繁殖杏嫁接砧木、仁、干用杏。对鲜食品种来说多采用嫁接繁殖。

（一）砧木的选择与播种

杏的嫁接砧木采用我国西北地区野生的山杏、东北分布的辽杏，西伯利亚杏。这些种类抗寒抗旱性强，嫁接亲和力高。

砧木的播种有秋播和春播两种方法。

秋播在土壤结冻前进行。种子不经处理，直接在育苗地上按一定的株行距穴播，覆土深7～10厘米，播后灌水，次年春季出苗率可达90%以上，若管理条件好，苗木生长很快，于夏秋季节即可芽接。

春播在秋末进行层积处理（沙藏），春季土壤解冻后，按上述方法进行播种。

（二）嫁接

1. 芽接

芽接的方法有“T”字形芽接和带木质芽接。带木质芽接适接期长，成活率高，可分为早期接（5月上中旬为期20多天）和中晚期接（6月下旬至8月上旬为期50天，特别是7月上中旬嫁接效果最好）；取芽时微带木质部，即芽片中部厚度要薄，过厚时成活率显著下降。接后绑缚塑料条。其他做法与一般芽接相同。

2. 根皮接

早春（3月中旬至4月中旬）嫁接前，将根颈以下大根全部剖出，要求坑大，不要伤根皮，然后选择无伤，根皮光滑的根段作砧木（锯去根颈以上主干）。然后在丰产优质母树上选取一年生粗细适中，芽子饱满，无病虫害的枝条进行嫁接。嫁接时先用竹竿在紧贴木质部插入皮层内开一个接口；然后将削好的接穗（削面长2厘米左右，削面对侧轻削一刀，把削面对侧的表皮用指甲揭去，露出绿色皮层）插入接口内，并使接穗削面和砧木木质部全部密接，接穗插好后，一般不用绑缚，而用潮湿土壤将接穗细心地埋设，并超过顶部4~6厘米呈馒头型。培土要细心，防止动摇接穗。

根皮接嫁接时间比在地上进行枝接提前半月至20天左右；接口在地下，水分充足，抗旱、抗风、不必设立支柱，接口愈合快，成活率高。

另外杏树还可采用劈接、舌接等其他嫁接方法，可因地和按需应用。

（三）嫁接后的管理

根皮接于5月中旬检查成活生长情况，接穗露出的要及时培土，新梢抽出后注意防治病虫。及时抹除砧木萌蘖；接穗选留一个健壮枝，其余萌蘖全部去掉；苗高40厘米左右时及时摘心，促生二次枝，及时中耕除草，抓好肥水管理工作。

四、对环境因素的调控技术

（一）温度调控技术

在设施栽培杏树中，温度控制至关重要，关系到大棚栽培成功与否。在最适温度条件下，杏树光合作用强、生长快。在最高、最低温度界限内，其生长受到一定抑制。但杏树在不同的发育阶段，对温度的要求及适应范围也是不同的，其中，尤其要做好花期和结果期的温度调控，注意协调好地温与气温。在开花前期，温度不能低于0℃，以防冻死。花期的温度，白天15～18℃，最高不超过23℃。夜间7～8℃，才能满足开花、授粉和受精的需要。在结果期，夜间温度不低于7℃，白天温度不高于28℃。

温度调控技术包括增温技术和降温措施。增温技术，在北方寒冷地区一般采用火炉、电热线、热风炉等设施加温。而在较寒冷地区，一般只有在寒流侵袭、严重降温时，采用燃烧酒精或柴油等方法进行辅助加温。此外，除用上述增温技术外，还要做好大棚的保温工作。保温设施包括棚膜、不透明覆盖材料、围膜、防寒沟、风障等。我国塑料大棚的降温措施比较落后，多通过开启风口降温。通风要根据季节、天气情况灵活掌握。另外，还可采取冷水洒地或喷雾的方法，使大棚内气温下降。

（二）光照调控技术

杏为强喜光树种，杏树大棚光照的调控，主要任务是针对棚内光照度弱、光谱质量差、光照时间短的特点，采用多种措施改善光照状况。大棚增光的措施很多，常用的有：选择透光率高的棚膜，采用合理的大棚结构，延长光照时间，悬挂反光幕，在地面铺设反光薄膜，清洁棚膜以利于透光等。

（三）湿度调控技术

杏树耐旱怕涝，喜空气干燥，而棚内往往湿度大，阴雨天湿度可达90%以上，影响杏树蒸腾作用，易引发病害，不利于杏树生长，以至于延缓果实成熟、降低产量和品质，因此，应设法降低棚内湿度。扣棚后至揭棚前应尽量少灌水或改变灌水方法。

杏树花期对空气相对湿度要求较为严格，空气湿度以70%～80%为宜，不能超过80%。湿度过大则造成花粉黏滞，扩散困难，影响坐果。但空气过于干燥花期缩短，同样对授粉受精不利。杏果实发育期空气相对湿度以控制在60%以下为宜，湿度过大引起新梢旺长，影响光照和成花，病害加重。大棚内湿度可用通风换气、改变温度、适时适量灌水、及时增温等方法加以控制。

（四）二氧化碳浓度调控技术

杏树的二氧化碳补偿点为100毫克/千克左右，饱和点在1 000～1 500毫克/千克。通常大棚内二氧化碳浓度可维持杏树生长，但远不能满足需要，没有达到杏树进行光合作用的最适浓度，故应设法提高大棚内的二氧化碳浓度。

提高二氧化碳浓度的方法有多施有机肥、及时通风换气、施放干冰、使用二氧化碳发生器、用燃烧法产生二氧化碳等。特别应注意的是，在提高大棚内二氧化碳浓度时，应把握好二氧化碳施用的时间和数量。

五、定植技术

杏树设施栽培须先定植建园，后建温室。杏树极怕水涝，积水12小时，就能死树。所以，必须选择周围无高大建筑物和树木遮阴的高燥、排水良好、土层深厚的沙壤土地建园、建温室。

（一）栽植密度

在温室内栽植杏树，为了提高早期产量与经济效益，应科学密植。采用南北行向，行距2～2.5米，株距1～1.5米（2米×1米），每亩栽植200～330株。

（二）栽植时期

定植一般在2月中旬至3月上旬进行。

（三）栽植方法

按行距开挖30～40厘米深、100厘米宽的栽种沟，清理整平沟底，底撒麦草或其他碎草10厘米厚，草上铺设幅宽160厘米的塑料薄膜封闭沟壁沟底，以利土壤保水保肥，节约肥水。

结合回填土施基肥，每亩土地施腐熟牛马粪（或圈肥）4 000～5 000千克（或鸡粪2 500～3 000千克）、过磷酸钙100千克、钙镁磷肥50～100千克、硫酸钾50～80千克，如果土壤偏碱性，每亩土地还须增施石膏150千克、硫酸亚铁10～20千克、酒糟或醋糟500～1 000千克。过磷酸钙和硫酸亚铁不可单独使用，一定要与有机肥料混合均匀、发酵后施用，以提高肥料利用率，并防止被土壤固定失效。65%的肥料与挖掘出的土壤混合，后分层填入沟内，填满沟后灌水沉实。水渗透后，继续挖掘行间土壤与剩余的35%肥料混合，把定植沟封成弧形高垄畦，垄高30～35厘米、宽80～90厘米，结合封垄表层土壤撒施有机生物菌肥50～100千克。最后在垄正中定植杏树。

杏树苗栽植前，须用600倍液壮苗专用型“天达-2116”（或1 000倍液旱涝收）+3 000～5 000倍液天达恶霉灵+2 000倍液高效氯氟氰酯药液浸泡25～30分钟，杀灭苗木携带的病菌与害虫，促发新根，壮根壮枝，提高成活率。

栽苗时，在土垄顶部中央按100～150厘米株距开挖深25厘米的定植穴，小苗在南，大苗在北，由南向北，杏苗由小到大排列，植入定植穴内。栽植时注意伸展根系，埋土深度达根颈即可。栽后穴内浇水。

温室内栽培杏树，浅开沟、起高垄定植，在多雨的夏秋季节，可以防止水涝灾害危害杏树；进入严寒季节，又有利于提高杏树根系周围的土壤温度，促进根系发育，根系活动早，生理活性强，地上、地下和谐，不会出现先发枝叶、后开花的现象，并可显著减少采前落果现象发生。

沟底铺设碎草与农膜，既可减少肥水流失，节约用肥、用水；还能起到限制根系发展，抑制营养生长，矮化树体，促进花芽分化，利于结果的作用。同时，在严冬季节又能大大减少耕作层土壤热量向深层土壤传递，利于提高、稳定主根层土壤温度。

六、定植后的管理技术

（一）土、肥、水管理

1. 土壤

杏对土壤适应性强，一般在采收后休眠前扩穴深翻 1 次，萌芽后开花前和硬核期中耕 1 次，并且做好地面覆盖工作，如覆草、覆膜，降低设施内湿度。

2. 施肥

杏设施栽培由于提前打破休眠生长，基肥应早施，在秋季落叶前施入，有利于根系早期吸收。基肥应以有机肥为主，如厩肥、鸡粪等。施肥量应根据树体大小及生长情况而定。

在生长期，为了补充基肥的不足，应进行追肥。追肥的时期应在萌芽前和硬核时期进行。施肥的种类多以速效肥为主，如人粪尿、尿素、硫铵、磷酸二铵、磷酸二氢钾等。追肥方法可以是在树冠外围开沟土施，也可树体喷施。

具体方法是：萌芽前亩用尿素 15 千克加 N、P、K 三元复合肥 45 千克，穴施或沟施；花前和花后 2 周各喷 1 次 0.3% 尿素 + 1% 过磷酸钙 + 0.3% 硫酸钾混合液，促进果实细胞分裂；盛花期喷 0.2% 的硼酸或 0.3% 的硼砂利于坐果和防止缺硼；硬核期是杏的需肥临界期，追施尿素 100 ~ 250 千克/亩，环状撒施或条沟施入。果实膨大前期每株施 50 ~ 100 克硫酸钾复合肥，同时每 10 ~ 15 天喷施 0.3% 尿素和 0.3% ~ 0.4% 磷酸二氢钾，连续 2 次。果实膨大期及着色期，连续喷两次 200 毫克/升的农乐牌“稀土”可防止裂果产生。

3. 灌水

杏树一般在生长前期需水量大，土壤水分充足有利于树生长。后半期要控制水分。在萌芽前灌水 1 次，有利于萌芽、开花和结果，在花期尽量减少浇水或不浇水。在硬核期新梢生长和果实发育期都需大量水分，此时灌水对产量和品质影响很大，必须保证充足的水分供应，果实着色后期控制浇水，以促进上色和成熟。采收前10天不浇水。

（二）整形修剪

1. 树形选择

在自然条件下，杏树的树冠多为自然圆头形或自然半圆形。在设施条件下，光照条件较露地差，因此，骨干枝不能太多，树冠不能太高。树形仍以“Y”字形为好。但是，由于杏树具有强烈的非均匀生长的特性，“Y”字形整形比较困难，因此，根据树体生长状况，可以采用少主枝自然开心形。

自然开心形树体小，主枝开张，通风透光良好，结果枝牢固而充实，适于设施栽培。

2. 修剪技术

杏树在幼年期的修剪应以早结果为目的。在盆栽和化学控制树冠的情况下，树体的生长已受到了很大的抑制。因此，修剪量不会太大。为了使其早结果，修剪时以轻剪和疏剪为主，并结合拉枝、扭梢等技术，使之通风透光良好，促进花芽形成。

冬季修剪时，主要对主枝延长枝进行短截，一般剪去1/3左右。对生长较强的长枝和有饱满芽的中长枝，除过密枝影响光照应除去外，一般不要剪截，进行缓放，当年可萌发出若干短果枝，逐步培养成结果枝组，这些短果枝可以年年结果，并向外延伸，成为结果的主要部位。凡是短果枝和花束状果枝，均不要短截。对过密的果枝本着“去弱留强”的原则进行合理的疏除。

扣棚升温后，结合花前复剪，短截部分花量过大的结果枝，控制花量。果实膨大期至果实成熟前当新梢长到15~20厘米时，进行多次摘心控制，提高坐果率和单果重，背上直立旺盛新梢抹除或扭梢，防止郁闭。采收结束后，对结果枝重回缩，除去过密枝，重新促发旺枝，培养下年结果枝。

夏季修剪是冬季修剪的补充，主要目的是疏通光路，创造很好的光照条件，充实枝条，促进花芽分化。主要措施是采用拉枝、疏枝、摘心等。

（1）拉枝 对生长旺盛的枝条夏季拉枝可起到延缓生长，促进结果枝的形成，提早结果的作用。拉枝最好在树液流动之后，萌芽以前进行。拉枝的角度以45°～50°为宜。

（2）疏枝 在幼树时应及时疏除位置不合适的背生徒长枝，过密枝等，使树体通风透光良好。

（3）摘心 杏树在设施条件下一年有3个生长高峰，芽又具有早熟性和萌发力强的特点。摘心有利于抑制新梢生长，使枝条充实，改善通风透光条件。摘心时期，以枝条开始木质化为宜，过早还可能发生分枝。

（三）花果管理

杏设施栽培往往出现花开满树，坐果很少，甚至无产量现象，因此要加强花果管理。

1. 授粉

（1）利用蜜蜂对设施内杏花进行传粉 方法简便，省工省时，授粉效果好，且延长了蜜蜂采蜜时间。

（2）瓶插多品种花枝与设施内栽培品种进行授粉 但费工费时，而瓶插花枝，与设施内杏树同时开花，也需要相应的措施，如水插培养等。

（3）严格控制花期温度 通过山东省泰安市林业科学研究所薛树桢等（1998）试验，设施栽培杏花期授粉时所界定的6～16℃的温度，既适应了杏生物学特性，也是蜜蜂的正常活动传粉的温度。

（4）配置授粉品种 杏多数品种如“红荷苞”、“二花曹”、“车头”、“麦黄杏”均自花不育，定植时应选择花期一致的授粉树。

2. 喷施保果激素和微肥

在杏盛花期，幼果膨大期喷 15 毫克/升 GA_3 +0.2% KH_2PO_4 +0.1 蔗糖或 25 毫克/升 GA_3 +40.5% 葡萄糖都有防止生理落果的作用。盛花期喷 0.3% 的硼砂或 0.2% 的硼酸有利于提高坐果率和防止缺硼。在盛花期喷 90 毫克/升赤霉素可以提高当年的坐果率和增加果重。新梢生长初期，每株土施 15% 多效唑粉剂 10 克，可使枝条节间缩短，控制生长，并可增大果实。采用环剥和绞缢措施可缓和树势，提高坐果率，摘心也能显著的提高坐果率。

3. 合理留果

落花后半个月至硬核期以前进行疏果，先将病虫果、畸形果和小型果全部疏掉，再摘除过密果，使留下的果均匀地分布在果树上。疏果标准一般长果枝留 4～6 个果，中果枝留 2～3 个果，短果枝留 1～2 个果，掌握每平方米 60～80 个。

第五章　设施葡萄的栽培技术

第一节　葡萄的生物学特性

一、根

根为肉质根，髓射线与辐射线特别发达，导管粗大，根中储存有大量的营养物质。其实生苗根系由主根与侧根组成，主根不明显，侧根发达。葡萄营养苗的根是由茎蔓的中柱鞘内发出，称为不定根，无明显主、侧之分，可由众多的不定根组成强大的根系。葡萄根系发达，适应性比较广，在肥沃疏松又有水浇条件的沙壤土中，根系分布比较浅，集中于5~40厘米深的范围内，但其水平辐射范围比较广。在干旱少雨的山地其根系可深入土层100厘米以下，最深可达1 400厘米。葡萄根系有比较强的吸收能力，其细胞渗透压超过1.5个大气压，因此，在干旱山地和盐碱土地中能够比较正常地生长发育。

二、茎

茎蔓生，多匍匐生长而不能直立。按年龄及作用不同，分为主干、主蔓、多年生蔓、一年生蔓（结果母蔓）和当年新梢。前三者组成骨架，后二者可结果与扩大树冠。葡萄新梢由胚芽、冬芽、夏芽或隐芽萌发而成，新梢顶芽先是单轴生长，向前延长，以后顶芽转位生成卷须或花序，而侧生长点代替顶芽向前延长，成为合轴生长。这样交替进行的结果，形成了新梢的卷须有规律地分布。

葡萄新梢由节与节间组成，节部膨大，其上着生叶片与芽眼，芽眼的对面着生卷须或果穗，内部有一横隔膜。节间较节部细，其长短因品种与长势而异。新梢的色泽及表皮附着物，品种之间差异很大，是品种鉴定的重要标志之一。

葡萄新梢上有两种芽，即冬芽与夏芽。冬芽外被鳞片，是由一个主芽和数个预备芽组成。一般主芽较预备芽发达，春季发芽时首先萌发，若主芽受损，预备芽可代替之。但也有许多品种主芽与预备芽2~3个同时萌发。主芽与预备芽都可带有花序，但预备芽上花序较少。冬芽当年多不能萌发，若受到重刺激后（如夏剪过重）也可萌发。夏芽为裸芽，不具备鳞片，不能越冬，当年形成，在适宜的温湿条件下当年萌发成副梢。

三、叶

叶为单叶，由叶柄、叶片、托叶组成，在枝蔓上互生排列。葡萄叶柄较长，有趋光性，可以使每片叶子获得良好的光照。叶片多为掌状，亦有近圆形，由叶柄顶端与叶片交界处分出5条主脉，故叶片多呈5裂状，但亦有3裂、7裂或全缘类型。叶片背面光滑或有茸毛，表面有一层致密的角质化表皮，能防止水分蒸发。叶片的形状、大小、茸毛状况、裂刻的深浅、叶缘锯齿状况等，因种类、品种不同有所差异，观察鉴别品种时可作为参考。

四、花序和卷须

葡萄的花序和卷须都是由枝蔓顶部生长点发育而成。花序为复总状花序或圆锥花序，由花穗梗、花穗轴、花梗及花组成。每花序上的花数因品种而异，少者200朵左右，多者1 500朵以上，大部分为两性花。花絮一般在新梢的第三节至第六节处开始着生，因品种或营养状况不同，花絮或只生1穗、或生2~3穗、或连续发生、或间断发生。卷须的主要作用是缠绕他物、固定枝蔓。有2杈、3杈和4杈等类型。在栽培中为减少营养消耗和操作的麻烦，应及早去除。卷须和花芽可相互转化，营养丰富、光照充足、长日照、温度适宜时卷须可发育成花序，反之花序会停止分化，长成卷须。

五、果实

果实即葡萄的果穗，由穗梗、穗轴和果粒组成，果穗中部有节，当果穗成熟后，节以上部分多木质化。大部分品种的果穗都带有副穗，即第一穗分枝特别明显。果穗因品种、营养状况、技术操作不同，其穗头大小差异显著，穗小者仅200克左右，穗大者可达2 000克以上。果粒为浆果，由子房发育而成，因品种不同其果粒形状、颜色、大小、着生紧密度、肉质软硬松脆、有无种子、种子多少等性状有所不同。形状分圆形、椭圆形、卵圆形、长圆形、鸡心形等。果皮颜色分为白色、黄色、红色、紫色、黑紫色等。果粒又分有核（内含种子）、无核（不含种子）。有核者，少者1粒种子，多者5~6粒，甚至更多。果粒大者，单粒质量可达20克以上，小者仅3~5克。

第二节　设施葡萄栽培的品种选择

一、棚栽葡萄品种选择的原则

首先，欲提早上市的，应选择极早熟、早熟和中熟品种，欲在晚秋、冬初成熟上市的，则应选择晚熟品种或是容易多次结果的品种延迟栽培。

其次，促成栽培时，注意筛选自然休眠期短、需冷量低、易人工打破休眠的品种，以便早期或超早期保护栽培。

第三，选择花芽易形成、着生位节较低、坐果率高、较易丰产的品种。

第四，设施栽培的葡萄基本上以鲜食为主，应选择粒大、穗紧、色泽鲜艳、酸甜适口的优良品种，并要求有一定的耐贮运性。

第五，设施栽培品种应选择适应性强，尤其是对温度、湿度等环境条件适应面较宽且抗病性强的品种。

最后，同一棚室在定植时，应选择同一品种或成熟期基本一致的品种，以便于统一管理。而不同棚室可适当搭配，做到早、中、晚熟配套，品种齐全。

二、棚栽葡萄优良品种

（一）乍娜

该品种为欧亚种，20 世纪 70 年代引入我国。植株生长势中等，芽眼萌发率高。进入结果期早，果枝结实力强，隐芽和副芽结实力均强，副梢结实力中等。丰产、稳产。果穗圆锥形，具双歧肩，果穗中大，平均重 500 克左右，最大果穗可超过 1 000克，果粒着生紧密，较整齐。果皮红紫色，近圆形，平均粒重 8 克左右。果皮厚，果粉中等，肉软汁多，酸甜适中，香味淡。可溶性固形物含量为 15%，品质中上等。每果含种子 1 ~3 粒。果肉与种子易分离。露地果实 8 月份成熟，是优良的早熟品种。

（二）凤凰 51

该品种为欧亚种，由白玫瑰与绯红杂交育成。植株长势中等，芽眼萌发率较高。结果枝占总芽数的 60%。果穗大，平均重 347.4 克，最大穗重 1 200克，果粒着生紧密，近圆形，果面有浅纵状沟棱，平均单粒重 7.1 克，最大单粒重 14.3 克。果实为玫瑰红或紫红色，果皮中等厚，果粉薄。肉质脆、汁多，有浓玫瑰香味。可溶性固形物含量 15%，甜酸可口，品质上等。露地果实 7 月下旬成熟，保护地栽培 4 月上中旬成熟。

（三）山东早红

山东省葡萄试验站以玫瑰香与葡萄园皇后杂交育种。露地 7 月中旬成熟，果穗圆锥形，中等大小，平均穗重 300 ~500 克。果粒圆形，皮厚、紫红色，单粒重 4 ~5 克，香味淡。丰产，因成熟早病害较轻。温室栽培，山东地区 1 月中旬萌芽，2 月下旬开花，4 月中下旬浆果成熟。从萌芽到果实成熟需要 95 ~109 天，果实发育期 60 ~65 天。与山东早红品种相似的还有郑州早红、青岛早红，均为早熟、红色（红紫色）、优质的鲜食葡萄，是适合于保护地促成栽培的品种。

（四）巨峰

属欧美杂交种，原产于日本。巨峰是目前我国栽培面积最大的中熟生食品种。果穗圆锥形，单穗重300～600克。粒大，平均单粒重10克，最大的可达20克。皮厚、紫黑色，肉软，味甜汁多，微带草莓香味，为鲜食佳种。其缺点是落花落果较严重，坐果偏少且果穗不整齐。露天栽培8月中旬成熟，日光温室栽培4月底至5月中旬成熟上市。

（五）秋红

欧亚种，原产于美国。果穗长圆锥形，平均穗重700克左右，最大的可达1 500克。果粒长椭圆形，平均单粒重7克。果皮深紫色，皮肉易剥离，果肉硬而脆，能切成薄片，品质极佳，浆果极耐贮运。露天栽培10月中旬成熟，适合于保护地延后栽培。

（六）晚红

欧亚种。又名红地球、大红球。果穗圆锥形，平均穗重500克左右，平均单粒重12.2克。果皮鲜紫红色，皮与果实易剥离，果肉硬而脆，能切割成片，香甜适口，品质佳。浆果极耐贮运。露地栽培10月下旬成熟，适于保护地延后栽培。

（七）秋黑

欧亚种，1988年从美国引入。果穗长圆锥形，平均穗重720克，最大穗重1 500克，平均单粒重9克。果紫黑色，皮厚，附着较多果粉。果肉硬脆，能切削成片，味酸甜，可溶性固形物17%，品质极佳。秋黑极易丰产，抗病性强于晚红和秋红。露地栽培10月上旬成熟，适于保护地延后栽培。

（八）紫珍香

果粒大，平均粒重10克左右，最大12克以上，平均穗重600克，最大1 000克以上。果粒蓝紫色，极美观，肉脆味甜，风味具有玫瑰和草莓香味，鲜食品质佳。适合冬暖棚栽培，山东冬暖棚4月中下旬成熟，露地栽培7月中下旬成熟，耐运输，效益极高。栽后第2年开始结果，丰产稳产，盛果期亩产3 000千克以上。

第三节 设施葡萄的育苗技术

在栽培条件下，葡萄的主要繁殖方法有两种：扦插育苗和压条育苗。

一、扦插育苗

扦插育苗是葡萄繁育最常用的一种方法。它可以保持本品种原有的优良特性，能较早地进入结果期，可充分利用冬季修剪下来的大量枝蔓繁育新植株，成本低，成活率高，便于操作。

（一）插条的采集与储藏

采集插条，结合冬季修剪进行，针对需要繁育的品种，选择优良单株取条。优良单株标准：生长健壮，产量高，品质好，果粒整齐，成熟期一致，抗病性强，且无或较少病虫害。插条要选取充分成熟的健壮枝蔓，每6～8节剪成一段，50～100根捆成一捆，标上品种名称，然后立即储藏。

储藏插条，一般采用窖藏，要选择排水良好的地方挖窖，窖的大小视插条多少而定。储藏窖一般深100厘米左右，宽100厘米左右，长视储藏数量而定，窖底部先铺一层厚15～20厘米的洁净河沙，再把插条用500倍液多菌灵药液或5%硫酸亚铁等其他药液浸泡消毒，晾干后将插条捆按顺序平放在沙面上，每放一层插条，要铺撒一层厚5厘米左右的河沙，并注意把插条之间的空隙用河沙填实。插条一般排放2～4层，注意最上面的一层插条也应处在冻土层以下。插条放好以后，上面再覆盖一层细河沙，使之高于地面10厘米左右，以防止积水烂条。储藏窖要每间隔200厘米左右，竖埋一捆高粱秸，以利通气。河沙的湿度，应保持含水量在10%左右为宜。储藏期间，要经常检查窖内温度，使温度维持在1～5℃，如果温度高于7℃，要注意倒窖，并减薄覆土层厚度，防止插条发热霉烂。

（二）插条的剪截

扦插前要将插条取出进行剪截，一般每2个冬芽剪1段，若插条紧缺时，也可每1个冬芽剪1段。若2个冬芽剪1段时，上端剪口在芽眼上部1.5～2厘米处剪截，剪口要平，下端剪口在第二芽下部剪截，剪口距离芽眼尽量长些，剪口呈马耳形。1个芽眼剪1段时，剪罢后其插条长度不得少于8厘米，以便提高扦插成活率。

（三）插条处理

绝大部分葡萄的枝蔓，只要条件适宜，都可以生长不定根，发育成新的植株。但是，葡萄芽眼萌芽和发生新根所需要的温度差异较大，气温稳定在10℃左右，芽眼就能萌发，可要发生新根，土壤温度须达到25℃左右，而以25～28℃生根最快。一般在自然环境条件下直接扦插，因气温回升较地温回升快，都是先发芽后生根，发芽比生根早10～20天。在此期间，由于插条只发芽，没生根，对外界环境条件的适应性差，稍有干燥，已萌发的嫩芽就会萎蔫，不但成苗率低，而且还会影响新梢的生长速度及苗木质量。因此，为提高成苗率，在扦插之前，应当先进行催根处理，让葡萄插条预先形成愈伤组织，生出不定根，然后扦插。

催根一般于2月底3月初进行，经常采用的催根方法如下。

1. 电热温床催根

先开挖一个深30厘米、宽120厘米的苗床，苗床长度根据插条多少而定。在苗床底部，需平铺一层塑料薄膜，薄膜上再铺一层干燥锯屑（木粉），锯屑厚度10厘米左右（如无锯屑，也可用碎干草代替），把锯屑压实整平，上面再平铺一层薄膜，薄膜上面铺设电加温线（或电热毯）。如此处理后，可以防止热量下传，节约用电。电加热线铺设完成后，再在线的上面铺一层厚2厘米的湿沙，沙层上面放插条。

插条须先用清水浸泡24～30小时，后每50条捆一捆，基端（马耳形剪口的一端）要对齐，上端向上，垂直安放于湿沙上面，然后，以湿木屑填充于插条之间，注意木屑要填充实，再以湿沙覆盖。覆盖厚度以不露插条为度。

在葡萄插条催根期间，要注意保持苗床湿度与温度，插条上床后，要灌透水，以后须经常检查，注意及时补充苗床水分。苗床内需插设2～4个温度计，其中2～3个温度计插的深度与插条基部平齐，1个温度计插的深度与插条上部芽眼平齐。插条上部温度，应保持在5℃以上，10℃以下，若有霜冻，夜晚可覆盖草苫保温。插条基部，须适当通电加温，使温度维持在20～28℃，15～20天即可产生愈伤组织，开始生根。插条生根以后就可栽植于营养钵内或土壤中。

2. 火炕或温床催根

选用回龙火炕催根，以煤火或柴草加温，炕面温度均匀，生根整齐一致，成苗率高。其方法：先在火炕上面，铺设一层5厘米厚的干净湿河沙，沙面上放插条，其他处理措施同上所述。

温床催根，选用马粪做酿热物为好，床深40厘米左右，床宽150厘米左右，床长视插条多少而定。床底填入30厘米厚的新鲜马粪，整平踏实，再洒水，洒水量以马粪湿透为度，后在马粪上面平铺一层10厘米厚的湿河沙，沙面上放插条，其他处理措施同火炕催根。

3. 药品处理催根

以萘乙酸、生根粉等药品处理插条，也可获得良好的生根效果。使用方法如下：0.01%～0.02%的萘乙酸或0.04%的生根粉药液，浸泡插条12～24小时，取出后随即扦插。也可以用0.1%的萘乙酸药粉或0.4%的生根粉蘸于插条基部，后扦插，效果也很好。

（四）扦插

不是药物催根的葡萄插条，经催根处理后20天左右，绝大部分插条都能生成愈伤组织，有的已长出不定根，而后便可进行田间扦插，已生出不定根的插条要栽植，以免扦插伤根。

扦插一般在3月20日前后进行。先须整好土地，结合整地，每亩土地撒施土杂肥3 000千克，复合肥30千克左右，耕翻耙细，按南北方向起高垄畦，畦高10厘米左右，宽60厘米，畦沟宽30厘米，然后在垄面上开两条栽植沟，沟深8厘米左右，两沟间距40厘米，沟内浇透水，水渗后放插条。插条要斜插，根端在南，覆土埋严后，基部埋深不超过10厘米，使之处于较为良好的温度条件下，利于发根。上端要芽眼向上，露出土面。再以宽90厘米的地膜覆盖，以利提高地温。插条顶端处，在地膜上开口，让插条顶芽露出膜外，使葡萄芽眼处于较低温度条件下，延迟发芽时间，缩短生根与发芽的时间差，利于提高成苗率。最后用湿土压严地膜，封闭插条顶端的地膜开口，不让插条的顶芽露出土外，以免失水和减少土壤水分蒸发，以利保墒。

（五）在温室内用营养钵扦插

在温室内进行葡萄扦插育苗，因为温度条件较好，土壤温度可稳定在15～28℃，具备了生成愈伤组织、产生不定根的温度条件，只要土壤湿度适宜，不经催根，用塑料袋营养钵直接扦插，其插条成苗率亦可达到90%左右。

方法如下：利用温室中行间空地，将其整平，铺设地膜，在地膜上面摆放营养钵，营养钵可选用直径7厘米左右，长15厘米的塑料筒，把下部折叠，装入营养土，土高12厘米，相互挤紧摆放于地膜上面，插入插条后浇透水。营养土可选用肥沃壤土，掺加20%的腐熟厩肥搅拌均匀配制。插条插入后，要注意适时浇水，保持营养土湿度，以防止幼芽失水萎蔫。

（六）绿枝扦插

在夏季利用当年新生枝蔓进行扦插，繁育苗木，称作绿枝扦插。其扦插时间以5月底至6月上旬为好，插条须选取生长健壮、发育充实、没有徒长、已半木质化的枝蔓，每2节剪1条插穗，插穗上端在芽上1.5厘米处剪截，剪口齐平，其叶片保留1/4左右；下端在节下2厘米处剪截，剪口呈马耳形，剪除叶片。苗床以南北方向为好，床宽120厘米左右，长20米左右，苗床培养土，须选用透气性能良好的干净细沙，营养土厚度15厘米左右，扦插时，按15厘米行距，开深8厘米的东西向小沟，在沟内，按株距10厘米摆放插条，再覆以沙土，埋住插条，只将上端叶片及芽眼露出土外。扦插时还应注意，要随扦插、随浇透水、随扎拱、随覆盖遮阳网遮阴。

扦插以后的管理，要注意适时喷水，保持苗床湿度达95%左右，以防止插条失水萎蔫，影响成活率。还应特别注意苗床的温度与光照条件，要保证苗床内既见阳光又不能高温，让插条叶片能够维持较为正常的光合作用，以满足插条生长新根、发出新芽所必须的有机营养。一般除用遮阳网遮阴降温外，还要注意经常查看苗床温度，使床土温度维持在20～27℃。若温度高于27℃，应适当通风，或加盖草帘遮阴，草帘不可全盖，上午只遮东半壁，中午只遮顶部，下午只遮西半壁，以防床内光照条件恶化，影响叶片的光合作用，降低成活率。

苗床管理还要注意及时喷洒防病杀菌药液，防止病害发生。经10天左右，插条即可形成愈伤组织，生出幼根。15～20天新芽萌发，25天左右，可撤去遮阳网，30天左右，可将植株移栽于露地，当年就能出圃。

二、压条育苗

葡萄营养生长速度快，其枝蔓接触土壤后，可产生不定根，形成新的植株，便于利用压条方法繁育苗木。

（一）一年生枝蔓压条

准备用于压条繁育的植株，一般不进行冬剪，或只剪除病弱枝，疏除过密枝。翌年清明节前，葡萄枝蔓出土后，把枝蔓均匀平铺固定在地面上，冬芽萌发后，抹除副芽与过密芽，适当保留主芽，让其生长发育，待主芽新梢长至15厘米左右时，在一年生枝蔓下面，开深8厘米左右的条沟，将其放入沟底，覆以湿土，埋住一年生枝蔓，露出新梢让其继续生长发育，15～20天，基部可发出新根，形成新株。只要注意管理，并于立秋前后，将老株与新株之间的老蔓切断，秋后即可出圃。

（二）当年新蔓压条

选当年生长健壮的旺枝，让其匍匐于地面生长，待其夏芽发出新梢后，每隔1节抹除1节的新梢，保留的新梢，长至15厘米左右时，在当年生枝蔓下面开沟，将其放入沟底，以湿土埋住，露出夏芽所发新梢与枝蔓延长头，让其继续生长发育，15天左右，新梢基部可发出新根，形成新株。注意加强管理，秋后亦可出圃。

第四节　设施葡萄的栽植技术

一、栽植密度

栽植密度依品种特性、立地条件、效益目标及管理技术而定。目前，保护地葡萄的栽植密度还很不统一，争论较大，但有一点是可以肯定的，即棚室密度要大于露地栽培密度。一般地，一年一栽制可按株行距（0.5～1.0）米×（1.5～2.0）米，每亩栽植350～900株；也可按双行带状栽植，双篱壁整枝，则按株行距0.5米×（2.0～2.5）米设计（图5－1）。

二、栽植方法

（一）选用壮苗

壮苗标准是根系分布均匀，长于15厘米的主根在4～5条或以上；枝蔓粗壮，有4个以上饱满芽体，无严重机械损伤及病虫为害症状。

（二）挖定植沟

挖宽、深各80厘米的定植沟，可每公顷施入45～90吨充分腐熟的有机肥、1 500千克过磷酸钙，与表层土和中层土充分混匀后回填，并浇水沉实。回填时注意不要打破原有土壤层次。

图5－1　设施葡萄定植密度

（三）小穴栽植

对已经回填并浇水沉实的栽植沟，挖30厘米×30厘米×30厘米的小穴进行栽植。定植前，用清水浸根一昼夜或浸泡泥浆；对根系尤其是主根适当短截，断根剪出平齐的新茬，然后放入穴中，使根系在穴中向四周充分伸展，回填细土，添至一半时，轻轻提苗，使根系与土壤密接，再添土至与地面齐平。深度以与苗木原土印的痕迹平齐为准，并用脚踏实后浇透水。定植后留3～4个饱满芽，进行定干。

早春栽植后要立即覆盖地膜，以提高成活率。地膜每株用1平方米或全行覆盖，压实四周。6月份气温升高后可及时除去。

第五节 设施葡萄栽植后的管理

一、土水肥管理

秋后深翻土壤，同时要增施有机肥料，设施栽培施底肥要早于露地，一般应在10月上旬施入。另外设施栽培葡萄新梢生长旺盛，因此氮肥施用量要少于露地。一般按选定的架式挖定植沟，沟深、宽各1米，每株施基肥50～70千克，与熟土混匀回填至距地面30厘米处再填表土，灌水沉实。

当苗木长到40厘米左右时，每亩追复合肥20千克，并进行叶面喷施高美施或磷酸二氢钾等肥料，促进植株生长和形成花芽。至9月份落叶前，施充分腐熟的有机肥4 000～5 000千克，加复合肥15千克，发酵好的豆饼200千克，充分混拌匀后再施入。在温室升温后葡萄萌芽继续分化；在开花前喷布0.2%硼砂或0.3%的硼酸溶液，可提高坐果率20%左右；在浆果膨大期为促进果粒加速生长，追施复合肥15千克；当浆果开始着色时，追施硫酸钾15千克，过磷酸钙10千克，也可以叶面喷施高美施、磷酸二氢钾等液体肥料，促进浆果着色提高含糖量。非一年一栽的葡萄，浆果采收后撤除塑料薄膜，修剪后，追施尿素20千克，并结合灌水，可促进萌发新梢，加快生长。

灌水应根据土壤、气候和葡萄生长等具体情况进行，一般在11月上旬，12月下旬或1月上旬（开始升温时），开花前、果实膨大期、浆果开始着色时，果实采收前各灌1次水。非一年一栽的葡萄，在采收结束并修剪后结合追肥灌1次透水。

二、整形修剪技术

（一）整形

1. 无主蔓扇形

优点：整形简单，修剪较易掌握，更新容易，能够保持健壮的树势。原则是：

（1）留壮芽　在当年萌芽后，1株选择两个壮芽，其余的芽全部抹除。当主枝生长达到50厘米高度时就对其进行摘心，摘心后夏芽副梢除顶端留1个继续生长外，其余留1片叶摘心。

（2）留饱满芽　当年秋季，在距地面50～60厘米处，选粗壮枝蔓留饱满芽进行修剪，每株留两条枝蔓，剪口高度应该高低错开。第二年春季萌芽后，留结果新梢可按：壮蔓保留3个，中庸蔓两个，弱蔓只1个，其余芽抹除，保持1平方米架面新梢为12～16个。

（3）留新梢更新　第二年春季，每株保留2～3个一年生新梢，选留饱满芽，仍剪留到第一道铁丝以上部位。以后每年往复修剪。

2. 龙干形

以棚架作为架式的温室葡萄，适于采用这种树形。密度大、早成形、早丰产。具体如下。

（1）栽后的管理　萌芽后，选留1个壮芽延伸生长，其余抹除。抹除可分1次抹除和两次抹除。1次抹除要晚，待新梢长到10厘米以上，可较清楚地分辨壮弱时再抹。2次抹除是在萌芽后，先抹除双芽中的弱芽和较明显的弱芽，使营养集中到所留的壮芽上，待发出新梢并达到一定长度后再选一个壮枝蔓作为龙干延伸生长，其余新梢一律抹除。当新梢高度达到60厘米时摘心，顶端保留一个副梢作为龙干继续延伸生长，其余副梢留一片叶摘心。摘心的目的是促进龙干长度及粗度生长，龙干领头梢一般每增加50厘米，摘心处理1次。到7月中旬以后，每增加30厘米摘心处理1次，并从此开始控制新梢的延长生长，促进新梢增粗生长及芽眼饱满，促进枝条成熟，加快其木质化。在肥水及病虫防治较好的条件下，当年龙干的长度可达到棚面以上1.8米的高度。

（2）当年秋季的管理　修剪应尽量推迟。一般剪口粗度在1厘米粗的位置，剪除不足1厘米粗的梢枝。

（3）第二年春季管理　萌芽后，近剪口处选壮芽，作延长生长的带头枝蔓，为加速整形促进延长梢伸长，延长梢上及时摘除花序。树体的管理原则，应是边长树，边整形，边结果。当延长新梢爬上棚面后，在摘心的同时注意每隔 25 厘米左右，保留 1 个副梢，依据其生长情况及时摘心，促使增加粗度与芽眼饱满，使副梢健壮作为翌年结果母蔓。

（4）第二年冬季的管理　在确定延长枝头先端的剪口粗度时，不同地区与土壤情况应有区别。地下水位较高且土壤盐碱，剪口粗度应小些，0.9 厘米左右。水位低、土层深厚疏松、肥水足、生长势旺时，剪口粗度 1 厘米。延长梢上所有的副梢当粗度达到 0.8 厘米时，留两个饱满芽修剪；不足 0.8 厘米粗时，留基部的一个芽修剪作为来年的结果母蔓。当龙干爬上棚面，拐弯处（即篱面与棚面交接处）不留副梢与结果母蔓。

3. 篱架单臂水平形

对难以控制其树形的品种，采用这种树形，可使树势得以缓和，水平整形一般在一年内即可完成。具体修剪步骤及内容如下。

（1）树形的管理　当年萌芽后，选一健壮新梢作为整形主蔓，其余抹除，肥水充足促其生长。为使新梢保持直立，要经常绑缚，必要时每株立一直杆。当新梢达到 1.5 米时，在 1.3 米处摘心，然后将新梢拉平，绑于第一道铅丝上，促使叶腋间夏芽萌发。节间长的品种，所有副梢都保留；节间短的品种，隔一节留一个，对夏芽副梢的管理相同。

（2）夏芽副梢的管理　当夏芽副梢达到 40 厘米时，摘心，促增粗生长、枝蔓成熟和芽眼饱满。同时要不断地给叶面喷布磷、钾肥，注意防治病虫害，保证叶片完好。摘心后夏芽第二次梢除顶端留一个延长外，其余均保留一片叶。顶端所保留的副梢，也要反复摘心，控制生长，把 1 次副梢培养成为下一年的结果母蔓。

（3）秋季覆膜　秋季尽早扣膜覆盖保温，防止叶片过早脱落以延长新梢生长期和促进新梢成熟，以利下一年开花结果，这样冬季修剪应推迟到12月初进行，大棚或日光温室可延迟到12月中下旬再修剪。

（4）冬剪　适当延迟冬剪时间，使养分充分回流。由于一年生树地上枝蔓粗度比多年生树的生长量要小，同时组织也相对要嫩，如过早修剪，不利于葡萄越冬。

（二）修剪

设施栽培葡萄修剪与露地葡萄的修剪有以下两点不同：①设施栽培对葡萄发芽整齐度要求高，结果母枝要选留充实、芽眼饱满的枝蔓，要剪留在饱满芽处。②由于棚室内高温多湿，枝条易徒长、修剪比露地要轻，以中短截为主，适当长梢修剪。

1. 一年一栽葡萄的修剪

（1）从定植至扣膜间的修剪　葡萄定植后，每株只留一条生长健壮的新梢向前延伸生长，当新梢长到40厘米左右时，开始搭架引绑并随时摘除叶腋中的夏芽副梢，到8月中旬，当新梢长到2米左右时摘心，促使主梢营养积累、枝条成熟和花芽的形成。

秋季落叶后，龙干整形，每株留一条主蔓，扇形整枝留3~4条主蔓，主蔓长2米左右，冬季（休眠期）修剪具体方法参考露地进行，注意平衡树势和更新修剪。

（2）从棚室升温至浆果采收间的修剪　葡萄萌芽后开始上架，随时抹除瘦弱和生长位置不当的芽，保留生长肥大芽。当新梢长到5片叶左右时，每株除保留5个左右生长健壮有花序的结果枝和3个左右生长中庸的营养枝外，及时疏除其他新梢，并及时除去长出的副梢。对生长旺盛的新梢应控制其生长，在基部进行扭梢。当结果枝上的花序开始分离时，应根据当年花序的多少和大小，疏除多余的花序，并在开花前，在花序以上留4~6片叶摘心，摘心后的新梢发出的副梢只留顶端1~2个副梢，每个副梢上留2～3片叶反复摘心。对生长势强的结果枝，花前在花序上部进行扭梢，可以有效地提高坐果率。对新梢上发出的卷须应及时摘除。

花序分离后，及时将新梢摆布均匀并绑缚在架面上；在果实着色期，摘除新梢基部老龄叶片，以改善通风透光条件，提高果实品质。

2. 非一年一栽葡萄的修剪

除按上述方法进行外，要求在主蔓上着生结果枝组，同一侧面结果枝距离不少于30厘米，每平方米架面留结果枝12个左右。棚室浆果采收后，立即撤除塑料薄膜，及时修剪，疏除结果枝和无用枝，留下的新梢除骨干枝的延长新梢外，以短梢修剪为主，即每个新梢剪留2～3个芽，冬芽萌发后选留靠母枝基部的一个新梢培养结果母枝。多年一栽制多采用扇形整枝、冬季修剪要注意骨干枝和结果枝的更新，防止结果部位外移。

三、休眠期前后的管理

（一）施基肥

10月中旬，葡萄落叶前，在行间开深60厘米、宽50厘米的施肥沟，每亩施畜禽粪3 000～4 000千克，或优质厩肥5 000千克，掺加硫酸钾60～100千克、钙镁磷肥100～200千克、硫酸锌2千克、硼砂2～3千克、硫酸亚铁3～5千克、碳酸氢铵20～30千克。以上各种化肥应与土杂肥掺匀，与土分层填入施肥沟内，后灌透水。水渗后，地面显干时，细致锄地，并结合锄地把葡萄行整成高30厘米、宽70厘米的弧状土垄。

（二）冬季修剪

冬剪要在小雪前后3～5天内完成。对株距25厘米的夏栽苗，留1条结果母蔓；对株距50厘米的春栽苗，留2条结果母蔓；其余所有二次分枝和残留卷须全部剪除。结果母蔓先端，从第二（由上向下）个留4叶摘心的1次副梢基部，连同基部冬芽一并剪除。

（三）闷棚灭菌杀虫

修剪结束后，到立冬前后上膜扣棚，然后在棚内后部操作道上点燃硫磺粉2～3千克/亩，点燃时须事先分3～4处堆放豆秸或麦草，每处2千克左右，麦草上面撒麦糠或锯末，以防点燃时火苗过旺，引燃薄膜。锯末上面撒硫磺粉，然后点燃麦草，引燃硫磺粉，熏蒸杀菌。点燃硫磺粉的同时，须地面撒施敌敌畏，每亩用80%敌敌畏400～500毫升，敌敌畏须事先和2千克左右的锯末掺混均匀，在点燃硫磺粉的同时撒地面。撒后立即封闭温室，闷棚2～3天。如果白天温度高于30℃，可适当放下少量草帘遮阴、降温至30℃以下。

硫磺粉燃烧后生成三氧化硫和二氧化硫，具有强烈的杀菌作用，可杀灭设施内的各种病菌；敌敌畏挥发后具有强烈的杀虫作用，可比较彻底的消灭设施内的各种残存虫害。二者同时进行，可净化设施，减少病虫源，为升温后的葡萄生长发育创造一个无病虫害或少有病虫害的环境条件。

（四）扣棚与调温

立冬前后上膜扣棚，闷棚灭菌后白天加盖草苫，夜晚揭开草苫，并全部开放底风口和顶风口，促其尽快降温，待室温降至7℃以下并稳定后，夜晚可不再揭苫，开大风口，使室内维持在4℃左右的低温条件下，加速完成休眠。12月上旬末开始提温，增温应逐渐进行，不可操之过急。可先关闭风口，白天每隔2～3苫，揭开1苫，使室内温度提高至7～10℃，夜晚覆盖草苫保温。2天后，可每隔1苫，揭开1苫，使室内温度提高至10～15℃；5～7天后，白天可把草苫全部揭去，适当开启风口，使室内温度维持在15～20℃，夜晚覆盖草苫保温。10天后，可把室温提高到20～25℃，夜晚维持在10℃以上。以上温度条件维持15天左右，葡萄即可发芽。发芽后白天继续维持20～27℃，夜晚维持10～15℃。开花后，白天维持25～28℃，夜晚17～20℃，如果夜温低于15℃，须生火加温。落花1周前后，白天维持25～32℃，夜晚15～18℃。幼果迅速膨大期以后，白天维持25～35℃，夜晚适当降温至12～15℃。

（五）涂石灰氮

提温同时，要对结果母蔓涂石灰氮。石灰氮又名氰氨基化钙，葡萄冬芽经石灰氮处理后，可比未经处理的提前20天左右发芽。使用时，每1千克石灰氮，用5千克50℃热水在塑料桶内浸泡，并不停地搅拌1～2小时，使其成糊状，以免结块。涂抹前，为提高黏着性，可向溶液内掺加0.1%的乳胶或土温-20。药液调好后，以毛笔或棉球蘸药液涂抹冬芽基部。每一结果母蔓只涂先端2～3个饱满芽。涂抹完成后，再以地膜覆盖植株，保持湿度，提高药效。

（六）化学调控

喷洒土壤免深耕处理剂和生物菌接种剂并覆草覆地膜闷棚后10～15天，须对地面喷洒土壤免深耕处理剂200毫升/亩和生物菌接种剂保得（或酵素菌等）250～300克/亩。土壤免深耕处理剂可使深层土壤疏松透气，利于根系发育。土壤生物菌接种剂施入土壤中后大量繁育，可抑制土壤中有害微生物的发展，减少病害发生，并能释放土壤中已经被固定的肥料元素，提高土壤肥力。

喷洒土壤免深耕处理剂和生物菌接种剂之后，要对地面全面积覆草5～10厘米厚，草上覆盖地膜。覆草可用麦草、稻草、玉米秸秆等，或其他碎草。覆草后草上面再覆地膜，有以下作用：第一，能稳定土壤含水量，减少土壤水分蒸发，提高土壤温度；第二，能减缓人工操作对地面的压力，减轻土壤板结；第三，碎草可吸收土壤蒸发的水分，降低棚内湿度，减少病害发生；第四，碎草吸收水分后，经土壤微生物作用会发酵释放二氧化碳，可显著增强葡萄叶片的光合效能，使葡萄植株健壮，高产优质。

四、发芽后的管理

（一）抹芽摘心

葡萄冬芽萌发后，要及时进行抹芽，抹除下部芽及多余副芽，只保留上部有果穗的两个主芽，让其发育成结果枝。结果枝要及时抹除各叶节间的夏芽副梢，只让顶端生长点延长生长。待花穗开花前1～2天，立即摘除生长点，以提高坐果率。

（二）果穗调整

花穗明显伸长后，要选晴天中午前后，摘除副穗，掐去穗尖。掐除部分占全穗长的1/4左右，以集中养分，提高坐果率，防止果穗松散现象发生。幼果长至黄豆粒大小时，要及时疏除小粒与密集粒，提高果粒整齐度。

（三）处理果穗

花穗开花后，可在盛花期和落花后10天左右，两次用25～50毫克/千克的赤霉素药液或10毫克/千克的葡萄专用膨大素药液处理果穗。

具体方法：用广口容器盛装药液，然后将葡萄穗全部浸入药液中。蘸药要在晴天上午10时前或下午15时后进行，要逐株逐穗的蘸，做到不重蘸不漏蘸。此法处理后，能促进葡萄果粒膨大，提前5天左右成熟，并提高无核率。

（四）绑蔓上架

新梢长至30厘米左右，基部半木质化时，要适时绑蔓上架。上架时，要细致操作，防止损伤花穗和嫩梢，并要排列均匀，用纤维结8字形扣，将新蔓固定于铁丝上。当新蔓再次长长后，可分次固定于第二道和第三道铁丝上。绑蔓时要注意枝蔓不可直立绑缚，要同道铁丝同方向、斜形上架，呈大S形排列。

（五）夏芽调整

结果蔓摘心后，各叶节都可萌发夏芽副梢（二次新梢），结果蔓先端2个副梢，留4叶摘心，其余各节所发夏芽全部抹除。二次新梢再发副梢（三次新梢），只保留顶端1个副梢，仍留4叶摘心，其他全部抹除。再发四次新梢或多次新梢，仍按此法处理。

（六）追肥与浇水

设施开始升温前，浇1次透水，以后应适当控制浇水，以减少伤流，利于壮苗。冬芽萌发以后，新梢长至5～10厘米时，可在地膜下浇1次水，结合浇水，追施生物有机菌肥50千克/亩。浇水要选晴天上午进行，并适当开启风口排湿，以免诱发病害。葡萄幼果长至绿豆粒大小时，可在行间，揭起地膜，开挖深20厘米的施肥沟，追施粪稀（鸡粪或人粪）1 000千克/亩＋硫酸钾20～30千克/亩，然后封土，盖严地膜，再在膜下浇水。幼果迅速膨大期，浇第四次水，结合浇水冲施粪稀1 000千克＋硫酸钾15～20千克/亩。每次浇水追肥要隔行进行，相隔3～4天后，浇水行能进行管理时，再对剩余行进行浇水追肥。

（七）根外追肥

发芽后、开花前1周、落花后7～10天和幼果膨大期要结合防病、治虫用药，分别喷施1 000倍“天达-2116”液＋0.7%的红糖＋0.3%尿素液，提高葡萄的抗旱、抗冷冻、抗药害性能和光合效能，促发新根，提高坐果率、产量和品质。果粒长至黄豆大小以后，为提高产量和品质，应加强根外追肥。每7天左右喷施1次0.4%的磷酸二氢钾（或0.1%福乐定）＋0.3%尿素，每15天左右喷施1次1 000倍“大达-2116”液，连续喷洒3～5次。

（八）增施二氧化碳气肥

为提高葡萄的产量与品质，从落花后开始至葡萄成熟，每天上午9时左右，需增施二氧化碳气肥。若采用硫酸－碳酸氢铵反应法，前期碳酸氢铵的施用量可少些，每个酸液桶内，施用碳酸氢铵150～250克；后随着果粒的增大，碳酸氢铵用量逐渐增多，每个酸桶内施用碳酸氢铵250～450克；果实着色后可适当减少，每个酸桶内施用碳酸氢铵200～250克。晴天施用量可大些，多云天气可适当减量，阴天可以不施用。亦可用点火法增施二氧化碳气肥。

第六章　设施果实栽培的病虫害防治

第一节　设施果实栽培病虫害防治的原则和策略

病虫害防治是果树设施生产中的关键问题之一。在果树设施生产中，绝对禁止使用剧毒、高毒、高残留和致残、致畸、致突变的化学农药，提倡使用矿物源和生物源农药，有选择性地使用低毒、低残留的化学农药。在果树设施生产中，应该通过栽培措施影响果园生态系统的各个因子（包括果树、病虫害、杂草、其他植物、无机环境等），使之有利于果树生长而不利于病虫害等有害生物的发生，通过培植健壮的果树来抵御病虫害的侵袭，其重点在于防。只有当病虫害达到或超过一定水平（经济阈值），将造成经济损失时，才采用必要的生物防治、物理防治和化学防治方法，将其控制在经济为害水平之下。

生产设施果品的果园可采用以下的病虫害综合防治原则。

一、因地制宜，选用抗病或抗虫品种的脱毒苗木

在不同地区，为害较重的病虫害种类不一样，应当根据当地的具体情况，选用有针对性的抗病或抗虫品种的脱毒苗木，尽量减轻对化学农药的依赖。

二、重视农业防治措施

要及时清除越冬病、虫源。在秋冬季结合施基肥，清除果园的枯枝落叶及杂草，烧毁或埋于树下，早春地面解冻后翻树盘，可有效地消灭越冬的病虫源。合理修剪，调节营养生长和生殖生长的矛盾，增强树势，提高果树的抗病虫能力，从而减轻病虫害的发生。另外，结合修剪操作，剪除带病虫枝叶，摘除病果及虫卵（如摘除桃树上的天幕毛虫卵块等），减少病虫源，也能显著减轻病虫害的发生。制定科学的肥水管理措施，饱施有机肥，合理浇灌，增强树势，提高果树的抗病虫能力，这在病虫害的防治中有着重要的作用。

三、积极使用生物防治措施

（一）本地天敌的保护利用

自然界中有许多种昆虫有发展成害虫的潜力，但实际上它们并未暴发成灾，这就是因为有多种天敌的存在，这些天敌形成的生物控制机制使潜在的害虫不能暴发形成危害。一旦丧失这些生物控制机制，潜在的有害生物就可能暴发，从而给生产带来经济损失。所以，保护本地天敌以稳定果园生态系统是十分必要的。例如，在苹果园中，害虫的天敌有200多种，包括草蛉、瓢虫、寄生性小蜂、捕食性螨类等，保护这些天敌除了尽量少用化学农药，合理使用化学农药之外，还必须为它们提供转换寄主、繁殖和越冬场所、补充食料等。现在一般采用果园生草的方法，既可为果园提供绿肥，又可提高果园的生物多样性水平，从而有利于天敌的保护和维持果园生态系统的平衡。

（二）天敌的引进和定居

在本地缺乏有效天敌或有外来有害生物入侵而本地天敌无法控制其为害的情况下，引入外来天敌是一种较好的选择。

（三）天敌的繁殖与释放

有些天敌对害虫的控制作用很好，但它们在自然界中的数量太少，难以发挥其控制作用，在这种情况下，可以采用人工繁殖、然后释放天敌到果园中去的办法，发挥天敌的控制作用。

四、物理防治

在果园中，常用的有以下方法：利用黑光灯、糖醋液、烂果汁及粘板，诱杀害虫或进行预测预报，利用防虫网驱避害虫等。在树干上捆绑草圈诱集越冬害虫并集中消灭，在树干上绑塑料薄膜阻止害虫上树或下树等。热力消毒，即利用热处理的方法对带病的种子、苗木、接穗等进行处理，可有效防治多种病害。如把带有桃黄化病毒的繁殖材料浸泡在50℃的温水中10分钟，可有效杀死该病毒。果实套袋技术。近年来大范围推广的这一技术不仅可改善果品的外观品质，同时，可阻止多种病虫害与果实的接触，从而大大减轻了病虫害的发生。

五、合理使用化学防治措施

在果树无公害生产中的化学防治措施，与一般果园中的化学防治有着显著的区别。剧毒、高毒、高残留和致残、致畸、致突变的化学农药是被禁止使用的，要选用高效生物制剂和低毒、低残留化学农药，并注意合理轮换用药，最大限度地减少农药的使用量和使用次数，提倡使用矿物源和生物源农药。

第二节　设施果树栽培病虫害综合防治方法

一、植物检疫与设施封闭隔离

植物检疫是对检疫对象（危险性的病、虫、草害）以法令规定的形式采取的相应措施，以防止其扩大、蔓延。避免从国外及国内其他省、自治区传入我国及本省、本地区。植物检疫并非单纯是检疫部门的事情，也是我们每个公民应该和必须遵循执行的法规。过去由于我们国家及有关部门没有认识到植物检疫的重要性，没能制定和严格执行有关法规条例，致使不少危险性病虫草害传入我国。例如，19世纪20～40年代，棉花红铃虫、葡萄根瘤蚜、蚕豆象、豌豆象、马铃薯块茎蛾、甘薯黑斑病等为害严重的病虫害相继传入我国；新中国成立以后，又有谷斑皮蠹、美国白蛾、埃及列当等病虫草害传入我国；近十几年来又有美洲斑潜蝇、南美斑潜蝇、草莓叶疫病等恶性病虫害传入，都给我国的农业、林业、果树、蔬菜、花卉、药材等诸多方面的生产，带来了无法估量的巨大损失和无穷的后患。

在国内，省与省之间、地区与地区之间，其恶性病、虫、草害的传播蔓延更为迅速、严重，且频繁发生。例如，桃小食心虫、苹果瘤蚜等恶性害虫仅仅十几年，就传遍了全国各苹果产区。特别是近十几年来，美洲斑潜蝇、南美斑潜蝇在短短的几年中，几乎传遍了整个中国大地，给农业生产和生态环境造成了极其严重的损失。

这些恶性病、虫、草害的传播蔓延，都是由于有关部门或某些个人不负责任，没能认真执行，甚至不执行“动植物检疫条例”，从国外或国内各省、各地区，乱引乱调种子、苗木及有关产品造成的。

目前，随着商品经济的发展，长途调运种子、苗木、果品等经贸往来频繁进行，这更为病、虫、草害的扩散蔓延大开方便之门。为能够有效地控制病虫害的扩散与蔓延，我们必须接受以往的惨痛教训，认真做好动植物的检疫工作。并要结合设施栽培封闭严密、便于隔离的特点，推行严密的防范措施，努力做到以下几点。

首先，栽培设施与外界环境尽量隔绝，以便最大限度地减少病虫害的传染栽培设施的通风口要用防虫网进行严密细致的封闭，防止因开启风口，给害虫侵入设施的机会。操作人员进出设施时，要随手关门，严防无关人员随便出入设施，并要避免各设施之间的管理人员互相串走，为病虫害的相互传播提供媒介。

其次，设施通风要避免开启底风口，要从设施顶部或侧上部开口通风因为开底风口时，病菌及害虫可随风进入设施内，而开启顶风口时，因设施内的热空气上升，可阻挡或减少病菌与害虫的进入。

再次，尽量避免从异地调入　特别是从疫区调入种子、苗木及其有关产品，必须调入时，要认真严格执行检疫手续，认真细致地进行消毒、杀菌、灭虫工作。以防带入检疫性病虫草害。

最后，设施内一旦发生病虫害，要利用设施封闭的特点，坚决彻底铲除之，以防传播蔓延对已受病虫为害的病株残体，要及时处理、集中深埋或烧掉，禁止随意乱扔乱放，以免为病虫害的传播蔓延提供方便。

二、农业防治措施

农业防治措施一般不需要额外的费用和用工，不需增加投资，而且其效果持久，对人、畜安全，又不会造成对周围环境的任何污染。

（一）深翻改土

深翻能增加活土层，促进根系发育。结合深翻，掺加粗粒沙土，能够改良黏性大、透气性不良土壤的理化性状，增加土壤孔隙度，改善土壤的通气、透水性能，促进根系发达，使果树生长健壮。

（二）增施有机肥料

大量增施有机肥料，可以显著提高土壤中的有机质含量。有机质在土壤中经微生物的作用，可以转化成腐殖质（即胡敏酸、富里酸和胡敏素）。土壤中腐殖质含量的多少，在很大程度上决定了土壤肥力的高低。它对土壤物理性状和果树生长状况的影响是多方面的。

第一，腐殖质可以促进土壤团粒结构的形成，改善土壤的理化性状，增加土壤孔隙度，改善通气、透水、保肥性能，提高土壤的氧气含量，调节土壤中的水气比例，增加土壤微生物数量，促进微生物的活动，从而使土壤肥力显著提高。

第二，如前面所述，腐殖质能不断的分解释放二氧化碳（CO_2）和氮（N）、磷（P）、钾（K）、钙（Ca）、镁（Mg）、硫（S）、硼（B）、铁（Fe）、锌（Zn）、铜（Cu）等矿质元素，不断地满足果树光合作用及其各种生理活动对二氧化碳和矿质元素的需求。特别是在设施栽培条件下，对因设施相对封闭而造成的二氧化碳（CO_2）不足，有很大的补充作用，对促进果树的光合作用，提高光合效能有着特别重要的意义。

第三，腐殖质在土壤中呈有机胶体状态存在，它带有大量的负电荷，能大量吸收土壤溶液中的阳离子，如 NH_4^+、K^+、Ca^{2+}、Mg^{2+}、Fe^{2+} 等离子。若土壤中存有较多的腐殖质，可显著提高土壤的保肥能力，减少肥料的流失。

第四，腐殖质在土壤溶液中，具有较大的缓冲性能，能够调节土壤溶液的酸碱度（pH）。因为当土壤溶液中，H^+ 离子含量较高时（酸性状态），土壤溶液中的 H^+ 离子可与土壤腐殖质胶体上所吸附的盐基离子进行交换，从而降低了土壤溶液中的 H^+ 离子浓度，使土壤溶液的酸度下降（pH 值增高）。当土壤溶液中 OH^- 离子较多时，其胶体上吸附的 H^+ 离子又可与溶液中的 OH^- 离子结合成水，降低土壤溶液的 pH 值，使之趋于中性。特别在盐碱性土壤中，增施有机肥是改良盐碱性土壤、促进果树生长发育、提高抗性的最为有效的途径之一。

有机肥的来源有多种多样，人、畜、禽粪便，作物秸秆，杂草落叶，沼气渣液，酒糟、醋糟，各种饼肥等，都是良好的有机肥料。经过发酵腐熟后，都可用作基肥与追肥。

进行施肥操作时，要把含有病菌的地表土壤与肥料混匀填入施肥沟（穴）内的底部，把从施肥沟内挖出的不含病菌的底土撒在地表。这样做既可提高土壤肥力，又能消除土壤中的病菌对果树的侵染，大大减少果树病害的发生。

（三）适当减少速效氮肥使用量或停止使用速效氮肥

长期以来，在土壤施肥上，人们习惯于重化肥、轻有机肥，重氮肥、轻磷钾肥与微肥，这种不当的行为，造成了土壤中速效氮含量过高，磷、钾肥与微肥含量不足。土壤中速效氮含量过高，不但会污染土壤，造成土壤板结，破坏土壤的耕性，使土壤整体肥力下降；而且还会相对提高果树植株体内硝酸盐与亚硝酸盐（有致癌作用）的含量，特别是增加了果树果实中此类物质的含量。这不但降低了果树植株的抗性，利于病害的发生，造成果实品质、贮运性能下降，而且对消费者的身体健康也极为不利。因此，对果树施肥，要在增施有机肥、磷钾肥与微肥的同时，还应尽量减少或停止使用速效氮肥。这样既可提高果树植株的抗性，减少病害发生，又能改善果实的品质。

（四）选用优良的抗病品种

例如，葡萄设施栽培，可选用兴华1号、峰后、奥古斯特、达米娜、信浓乐等抗病品种，可在较少用药的条件下，明显减轻葡萄病害的发生。

（五）选用无滴消雾塑料薄膜

降低设施内空气湿度。

（六）地面覆草与全面积地膜覆盖

如前所述，地面覆草可稳定地温、减少氨气挥发对果树植株的危害，覆草可稳定土壤湿度，利于果树的根系发育，覆草受潮后发酵，还能提高地温、释放二氧化碳，提高光合效能，对促进果树健壮地生长发育、提高抗性有显著作用。

全面积覆盖地膜，既可提高地温、促进果树根系发育；又能降低设施内空气湿度，抑制真菌、细菌等菌类的生长、孢子萌发及侵染；还可以阻挡土壤中的各种病菌向空气中散发，明显减轻对果树茎干、枝蔓、叶片及果实的侵染，因此能大大减少果树病害的发生与蔓延。

（七）合理间作

果树行间间作大葱、大蒜或蒜苗葱蒜类作物能够分泌蒜素类物质，既可以抑制果树根结线虫的生长，又能减轻地上部多种病害的发生。

（八）及时剪（摘）除病叶、病枝及病果、病果穗等

剪（摘）除的病残体及抹芽摘心处理下来的废枝叶等，要深埋或封闭发酵沤制成肥料。严禁随地乱扔！以免残体上的病菌，通过空气气流与操作人员的出入，传入设施内，进行再次侵染为害。摘心、抹芽、摘病叶等工作应在晴天进行，以利于及时生成愈伤组织，减少病菌从伤口侵染。

（九）套袋管理

果实、果穗套袋疏果以后随即对果穗细致喷洒杀菌保护剂，待药液干后，立即进行果实、果穗套袋，直到采前10天左右解袋，既可提高果品的着色度，又能最大限度地减少病菌、害虫、鸟类、马蜂等侵害果实、果穗，防治果实、果穗的病虫为害及其他伤害。

（十）化学调控

根部浇施旱涝收、免深耕土壤处理剂或保得等土壤生物菌制剂，树干涂抹、叶面喷施“天达-2116”等药液用旱涝收509～1 000倍液，或土壤免深耕处理剂200毫升/亩，或保得生物菌制剂250克/亩浇灌土壤，可有效地改善土壤结构，增加土壤腐殖质含量，并能显著促进果树的根系发育，使之根系发达、生长健壮，提高其抗逆能力，减少病害发生。

“天达-2116”植物细胞膜稳态剂，20倍液涂干，或1 000倍液喷洒树体，能显著提高植株的光合性能，提高植株的抗旱、抗病、抗冷冻等抗逆性，使其能较大限度的适应恶劣的环境条件；“天达-2116”能与多种农药混配进行涂干、叶面喷施或灌根，不但能显著地提高果树的抗病能力，有效地控制因真菌、细菌、病毒及不良环境引发的多种病害与生理性病害，大幅度地降低发病率；减少农药的使用量，而且还能改善果实品质，增产20%左右，使果实提前3～7天成熟，增效显著。

三、生态防治措施

每种病菌都需要与之相适应的生态环境，只有当环境条件适宜时，它们才能得以生存和发展。例如，在设施栽培中，为害较为严重的霜霉病、灰霉病、白腐病、锈病等，其病菌孢子只能在相对湿度达到90%～95%时才有可能萌发，病菌孢子萌发和菌丝生长的适宜温度为15～25℃，低于10℃、高于32℃都会受到抑制。只要把设施的温度、湿度调整好，使室内空气相对湿度低于80%、白天温度高于30℃、夜晚温度低于15℃，就可基本上控制以上病害的发生，而且还有利于果树自身的生长发育，提高产量和改善品质。

四、化学防治措施

化学农药虽有其污染环境、破坏生态平衡、产生抗性、成本较高等弊端，但是，由于它具有防治对象广泛、防治效果好、速度快并能进行工业化生产的特点。因此，它仍然是果树病虫害综合防治中的必不可少的重要防治措施。如果没有化学农药，设施果树栽培的高产高效，就不可能实现。为了提高防治效果，做到无公害化生产，在进行化学防治时，要做好以下几项工作。

（一）科学选药，对症下药

在果树病虫害防治上，长期的实践经验告诉我们，波尔多液、石硫合剂是防治果树病虫害的优良用药，它们具有成本低、药效期长、长期使用不产生抗药性、基本无污染、较少残留、低毒安全等众多优点，并且对果树的各种病害都有良好的防治效果。因此，在组配防治措施时，不要只迷信洋药，而要以石硫合剂、波尔多液为主要用药，适当配合其他高效、低毒、安全、无污染的药品，进行防治。一般在果树萌芽时，先喷1次5波美度石硫合剂+100倍五氯酚钠，以后每隔20~25天，喷1次波尔多液（核果类禁用），中间针对果树的病虫害发生情况，适当喷洒一些针对性的速效治病、杀虫农药，就能做到经济有效的防治果树病虫害。

（二）喷药要及时、适时，真正做到防重于治

每种药品都有一定的残效期，例如：波尔多液在葡萄发病以前喷洒，几乎对葡萄的各种病害都有良好的防治效果。但是，波尔多液的药效期一般20天左右，两次用药间隔时间最长不能超过25天。如果喷药不及时，间隔时间太长，势必给病害提供可乘之机，极易引起发病，给果树造成不应有的损失。

（三）提高喷药质量

喷药既要细致周密，不能漏喷，预防给病虫害留有生存之

地，让其卷土重来，给果树造成更大为害；又不能重复喷药，以免造成用药浓度过高，发生药害。

（四）消灭病虫害要尽力做到彻底铲除，不留后患

因为设施栽培与大田露地栽培不同，它具有封闭严密、与外界环境相对隔绝的特点，只要把设施内的病源、虫源铲除，一般不会再发生该类病虫为害。所以，我们在防治病虫害时，要尽力做到彻底、干净、坚决铲除、不留后患。例如，在消灭设施内葡萄叶蝉为害时，要在短短 5 ~ 7 天之内，连续用敌敌畏烟熏剂熏蒸两次，做到设施内不留一个害虫与虫卵，这样，就可在较长的时间内，不会再发生此虫的为害。

（五）严禁使用高残留、高毒和有“三致”（致畸、致癌、致突变）作用的农药

尤其是有机磷和氨基甲酸酯类农药，如呋喃丹、1605、氧化乐果、甲胺磷、磷铵、久效磷、甲基异柳磷、杀虫脒及一切在果树上禁止使用和不宜使用的农药。彻底避免高毒、高残留药品污染果实与周围环境，确保人民群众的身体健康与生命安全。

第三节　常见设施果树的病虫害防治

一、设施桃树的病虫害防治

（一）虫害防治

蚜虫防治可用桃蚜净（山东德州赵虎农药厂生产）涂干防治，或在成虫发生期和卵孵化期喷施 1 次速灭杀丁 1 500倍液，或 50% 灭蚜松可湿性粉剂 1 000倍液。

桃潜叶蛾防治，应在秋季落叶后彻底清除落叶、集中烧毁。消灭越冬蛹、幼虫。或在卵孵化盛期喷灭幼脉 3 号 1 500 ~ 2 000倍液，隔 20 ~ 30 天喷第二次，全年打药 2 ~ 3 次，即可控制为害。

红蜘蛛防治，秋季落叶后清除落叶，刮除老翘皮、翻耕树

盘，消灭部分越冬雌虫。开花前喷施0.3波美度的石硫合剂。

（二）病害防治

桃细菌性穿孔病（早期落叶病）主要为害叶片、嫩枝、果实。应多施磷钾肥。彻底剪除病枝，消除落叶病果，集中烧毁或深埋，消灭病源。或发芽前喷3～5波美度石硫合剂，展叶后发病前喷硫酸锌石灰液（硫酸锌0.5千克加消石灰2千克，水120千克）或在生长期喷代森锌500倍液。

设施栽培由于低温高湿、寡日照，极易发生灰霉病。桃灰霉病主要为害果实。病果发病初期病斑处出现灰色霉层，逐渐凹陷，很快扩展至全果面，并腐烂。叶面上发生淡褐色不规则病斑，并有不规则轮纹。应加强栽培管理，搞好生长期修剪，改善通风透光条件，搞好温室内温度、湿度调控，减轻发病条件。在即将发病或发病初期下午16～17时，将温室内所有通风口关闭，每亩点燃5～7克速克买（或万霉买）烟剂，熏烟防治。在花前喷1～2次70%甲基托布津可湿性粉剂800倍液或50%多菌灵可湿性粉剂500倍液预防灰霉病发生。

二、设施葡萄的常见病虫害的防治

（一）葡萄霜霉病

葡萄霜霉病主要为害叶片，也能侵染嫩梢、花序、幼果等幼嫩组织。

【症状】 叶片受害，最初在叶面上产生半透明、水渍状、边缘不清晰的小斑点，后逐渐扩大为淡黄色至黄褐色多角形病斑，大小形状不一，有时数个病斑连在一起，形成黄褐色干枯的大型病斑。空气潮湿时病斑背面产生白色霉状物（病原菌的孢子梗与孢子囊）。后病斑干枯呈褐色，病叶易提早脱落。

嫩梢、卷须、叶柄、花穗梗感病，病斑初为半透明水渍状斑点，后逐渐扩大，病斑呈黄褐色至褐色、稍凹陷，空气湿度大时，病斑上产生较稀疏的白色霉状物，病梢生长停止，扭曲，严重时枯死。

幼果感病，病斑近圆形、呈灰绿色，表面生有白色霉状物，后皱缩脱落，果粒长大后感病，一般不形成霉状物。穗轴感病，会引起部分果穗或整个果穗脱落。

【病原】　与发生规律葡萄霜霉病是由鞭毛菌亚门、卵菌纲、霜霉目、单轴霉属 *Plasmopara viticola* (Berk. et Curtis) Berl. et de Toni 侵染所致。

在露地栽培条件下，病菌主要以卵孢子在落叶中越冬，在暖冬地区，附着在芽上和挂在树上的叶片内的菌丝体也能越冬。其卵孢子随腐烂叶片在土壤中能存活 2 年左右。翌年春天，气温达 11℃时，卵孢子在小水滴中萌发，产生芽管，形成孢子囊，孢子囊萌发产生游动孢子，借风雨传播到寄主的绿色组织上，由气孔、水孔侵入，经 7～12 天的潜育期，又产生孢子囊，进行再侵染。孢子囊通常在晚间生成，清晨有露水时进行侵染，没能侵染的孢子囊暴露在阳光下数小时即失去生活力。

空气湿度高、土壤湿度大，利于霜霉病的发生。降雨是引起该病流行的主要因素。

孢子囊形成的适宜温度范围为 13～28℃，最适宜温度为 15℃；孢子囊萌发的温度范围为 5～21℃，最适宜温度为 10～15℃；游动孢子萌发的适宜温度范围为 18～24℃。孢子囊的形成、萌发和游动孢子的萌发侵染均需有雨水或露水时才能进行。

不同品种对霜霉病的感病程度不同，欧亚品种群的葡萄易感病，欧美杂交品种较抗病，美洲品种较少感病。果园地势低洼，排水不良，利于发病；氮肥施用量过多，树势过旺，通风透光不良也利于发病。

【防治方法】　防治葡萄霜霉病必须采取“预防为主，综合防治”的植保方针方能奏效，具体措施如下。

（1）清洁田园，减少病原体　彻底清除落叶，细致修剪，剪净卷须、病枝、病果穗，结合施基肥深埋，以减少病源。

（2）选用无滴消雾膜　做设施采光面的覆盖材料，并全面积覆盖地膜，降低其空气湿度，防止雾气发生，抑制孢子囊的形成、萌发和游动孢子的萌发侵染。

（3）调节室内的温湿度　特别在葡萄坐果以后，室温白天应快速提温至30℃以上，并尽力维持在32℃，以高温低湿抑制孢子囊的形成、萌发和孢子的萌发侵染。下午16时左右开启风口通风排湿，降低室内湿度，使夜温维持在10～15℃，空气湿度不高于85%，用低湿度抑制孢子囊和孢子的萌发，控制病害发生。

（4）果穗套袋　消除病菌对果穗的侵染。

（5）药剂防治　发芽前地面、植株细致喷施3～5波美度石硫合剂+100倍五氯酚钠药液，铲除设施内的病原菌。发芽后每10天左右细致喷布1次杀菌保护剂，或点燃灭菌发烟弹或熏蒸剂。具体用药可采用200～240倍少量式波尔多液，或27.12%铜高尚悬浮剂（300～400倍液），或30%绿得宝可湿性粉剂（300倍液），或绿乳铜（800倍液）等。以上药液应与10%世高（2 000倍液），或80%乙膦铝可湿性粉剂（500倍液），或72%克露可湿性粉剂（700倍液），或75%百菌清可湿性粉剂（800倍液），或25%瑞毒霉可湿性粉剂（500倍液），或64%杀毒矾可湿性粉剂（500倍液），或78%科博可湿性粉剂（500倍液），或72.2%普力克（700倍液），或72%霜露速净（600倍液）等药液交替使用。或与克露发烟弹、克霜灵发烟弹、百菌清烟熏剂等交替使用。注意药品使用时，不可用同一品种药品连续使用，以免产生抗药性。为提高葡萄的抗逆性与防治效果、增加产量，喷洒非碱性农药时，可加1 000倍液“天达-2116”或1 000倍液旱涝收，提高防治效果。

（二）葡萄灰霉病

葡萄灰霉病主要为害花序、幼果和将要成熟的果实，也可侵染果梗、新梢与幼嫩叶片。过去露地葡萄很少发生，但是，目前灰霉病已发展成为葡萄的主要病害，不但为害花序、幼果，成熟果实也常因该病菌的潜伏存在，已成为储藏、运输、销售期间引起果实腐烂的主要病害。特别是设施栽培葡萄，发生更为严重。

【症状】 花序、幼果感病，先在花梗和小果梗或穗轴上产生淡褐色、水浸状病斑，后病斑变褐色并软腐，空气潮湿时，病斑上可产生鼠灰色霉状物，即病原菌的分生孢子梗与分生孢子。空气干燥时，感病的花序、幼果逐渐失水、萎缩，后干枯脱落，造成大量的落花落果，严重时，可导致整穗落光。

新梢及幼叶感病，产生淡褐色或红褐色、不规则的病斑，病斑多在靠近叶脉处发生，叶片上有时出现不太明显的轮纹，后期空气潮湿时病斑上也可出现灰色霉层。果实上浆后感病，果面上出现褐色凹陷病斑，扩展后，整个果实腐烂，并先在果皮裂缝处产生灰色孢子堆，后蔓延到整个果实，最后长出灰色霉层。有时在病部可产生黑色菌核或灰色的菌丝块。

【病原菌与发生规律】 葡萄灰霉病是由半知菌亚门、丝孢纲、丝孢目、葡萄孢属 Botrytis cinerea Pers. 侵染引起的。该病原菌是一种寄主非常广泛的兼性寄生真菌，它可寄生多种水果、蔬菜与花卉。

病菌以菌核、分生孢子及菌丝体随病残组织在土壤中越冬。有些地方，病菌秋天在枝蔓或僵果上形成菌核越冬，也可以菌丝体在树皮和冬眠芽上越冬。菌核和分生孢子抗逆性很强，越冬以后，翌年春天条件适宜时，菌核即可萌发产生新的分生孢子，新老分生孢子通过气流传播到花序上，在有外渗物作营养的条件下，分生孢子很易萌发，通过伤口、自然孔口及幼嫩组织侵入寄主，实现初次侵染。侵染发病后又能产生大量的分生孢子进行再次和多次侵染。

该病发生与温湿度关系密切。分生孢子萌芽的温度范围为 1～30℃，适宜温度为 18℃。分生孢子只能在有游离水或至少 90% 的相对湿度条件下萌发，在 15～20℃ 的适宜温度下，侵染时间约 15 小时，温度降低，侵染时间延长。

【防治方法】 参阅葡萄炭疽病、白腐病的防治方法。

（三）二黄斑叶蝉

【形态特征】 成虫体长约3毫米，复眼黑色或暗褐色，头部淡黄白色，头顶前缘有2个黑褐色小点。前胸背部淡黄色，前缘有3个黑褐色小圆点，小盾片淡黄白色，前缘有2个黑褐色较大的斑点。前翅表面暗褐色，其后缘各有2处近半圆形的淡黄色斑，两翅合拢后形成2个近圆形的淡黄色斑纹。若虫末龄体长1.6毫米，紫红色，触角、足、体节间、背中线淡黄白色，体略短宽，腹末几节向上方翘起。

【发生规律】 葡萄二黄斑叶蝉，在山东每年发生3~4代，以成虫在杂草、落叶等隐蔽处越冬。在露地条件下，翌年3月间越冬代成虫出蛰，先在发芽早的杂草、花卉等植物上为害，葡萄展叶后转移至葡萄叶片上为害，叶片受害后，叶面上出现失绿白色小斑点，一般先从枝蔓基部叶片开始，逐步向上蔓延。成虫性活泼，上午取食，中午太阳强烈时，静伏于叶背隐蔽处，受惊扰后飞往他处。葡萄开花前后，开始出现第一代若虫，一代成虫发生盛期在6月初前后，以后各代相互重叠。末代成虫在9~10月间发生，后随气温下降便转移到越冬场所越冬。

（四）葡萄虎天牛的防治

【形态特征】 成虫体长约15毫米，头部和躯体大部分黑色，前胸背板暗红色，近似球形，表面密生黑色短毛；翅鞘黑色，上面密生细小刻点；鞘翅基部呈X形黄色斑纹，近末端有一条黄色横纹；腹部腹面有黄白色横纹三条。卵，卵圆形，长约1毫米，一端稍尖，乳白色。幼虫末龄体长17毫米左右，全体淡黄白色。胴部2~9节的腹面有椭圆形隆起，全体疏生细毛。头小，无足。蛹黄白色，长约10毫米左右，复眼为淡红色。

【发生规律】 每年发生一代，以幼龄幼虫在受害的葡萄枝蔓内越冬。翌年5月份开始在枝蔓内蛀食，幼虫老熟后，在被害枝蔓内化蛹，蛹期7~10天，6月底开始出现成虫，7~8月份为成虫盛发期。成虫产卵于新梢基部芽腋间及芽与叶柄的间隙处，卵散产，每处产卵 1 粒，卵期 5 天左右。卵孵化后，幼虫随即蛀入新梢内，先在皮下纵横为害，后深入髓部纵向取食，其粪便堵塞于虫道内，不排出隧道外。幼虫于 11 月份进入越冬阶段。葡萄虎天牛以为害一年生结果蔓为主，有时亦可为害多年生枝蔓，被害枝蔓节间变褐色，易折断。

【防治方法】

①成虫发生期，注意捕杀成虫。

②修剪时细致观察，剪净被害枝蔓，并集中烧毁，消灭越冬幼虫。

③幼虫发生期注意查找被害枝蔓，寻杀幼虫。

④在成虫产卵期用敌敌畏熏蒸或喷药杀灭产卵成虫。可选用：农哈哈 2 000倍液；1%7051（杀虫素）5 000倍液；4% 高效氯氟氰菊酯 2 000倍液等药液，于 7 月初开始喷洒，每 10 天左右 1 次，约 3 次。

三、设施杏树的常见病虫害防治

（一）杏疔病

【症状】　此病是为害杏树的主要病害。主要为害杏树新梢、叶片、花和果实。一般发生于落花后新梢长至 15 厘米左右的时候。新梢染病后，整个新梢的枝叶全感病，病梢生长慢，节间短，叶片呈簇生状，初为暗红色，后变为黄褐色，其上有微凸起的黄褐小点，此为病菌的性孢子器。病叶后期逐渐干枯，病梢也随着枯干，其上所结的果实停止发育并干缩，脱落或悬挂在枝上。

【发生规律】　病菌以子囊壳在病叶内越冬。春季子囊孢子从子囊中放出传播到幼芽上，条件适宜时萌发侵入，并随新叶的生长而蔓延。症状从 5 月开始出现，10 月在叶背面产生子囊越冬。

【防治方法】　当叶、梢初显病状时及时剪除，并集中烧毁，连续几年即可控制。

（二）梨小食心虫

主要为害杏的果实。春季4月上中旬越冬茧开始化蛹，第一代主要为害桃梢，5月中下旬开始为害杏果，直到杏的采收期仍有为害。

【防治方法】

①用梨小食心虫性诱剂对成虫的发生进行预报，指导防治时期。

②用50%杀螟松1 000倍液或48%乐斯本乳油1 500~2 000倍液液喷雾防治。

（三）杏仁蜂

主要为害杏果。老熟幼虫在被害杏核内越冬，翌春4月中下旬化蛹为害杏果。被害果脱落或在树上干缩。

【防治方法】

① 清除落果，集中销毁。

② 在幼虫产卵期（5月上旬，杏果如大豆粒大时）喷2 500倍液杀灭菊酯或20%速灭杀丁3 000倍液，效果良好。

（四）杏象甲

主要为害嫩芽和花蕾。以成虫在土壤、枝干、树皮或杂草内越冬。当杏花开放前后为害花蕾和花，落花后产卵于幼果，孵化后在果内取食为害，使果实脱落。幼虫老熟后脱果入土，羽化后以成虫越冬。

【防治方法】

① 清除落果，集中销毁。

② 开花期清晨人工捕捉成虫。

③ 喷25%天王星乳油500~800倍液或20%速灭杀丁3 000倍液或2.5%溴氰菊酯4 000倍液。

（五）桑白介壳虫

主要为害枝干，偶尔也为害果实和叶片，雌虫在枝干上越冬。

【防治方法】

① 发芽前喷 5 波美度石硫合剂涂抹枝干。

② 若虫孵化期喷 0.3～0.5 波美度石硫合剂，40% 速扑杀乳油 2 000倍液或 20% 康复多 4 000倍液喷雾。

③ 进行人工刮除。

四、设施草莓病虫害的防治

设施栽培草莓经常发生的病害有草莓病毒病、草莓黄萎病、草莓白粉病、草莓灰霉病、草莓蛇眼病、草莓芽枯病等，虫害主要是蚜虫和红蜘蛛。

（一）草莓病毒病

【症状】　多表现为斑驳、黄边、皱叶、镶脉等类型。大部分草莓病毒具有潜伏侵染特性，一种类型侵染症状多不明显，发病多是两种或几种类型复合侵染引起。表现为植株矮化或黄化，叶片上出现黄白色、不规则的褪绿斑纹，小叶伴有轻度扭曲，叶缘不规则上卷、叶脉下弯或全叶扭曲变形，叶面皱缩，叶脉、叶柄上产生黄白色或紫色斑等。

【防治方法】　草莓病毒病主要是由蚜虫为害传播，植株本身带毒也是病毒病的主要传播途径。其防治方法如下。

①培育无毒母株，栽植无毒秧苗。

②消灭蚜虫。秧苗定植时用 2 000倍天达高效氯氟氰菊酯、或啶虫脒药液细致喷洒杀灭之，做到净苗入室，以后发生蚜虫为害，可在夜晚封闭设施，后点燃蚜虫净发烟弹（每 350 平方米温室 4 枚），或敌敌畏（每 350 平方米温室用 80% 敌敌畏 200 毫升掺加 2 000克锯末）熏蒸 8～10 小时消灭之；也可以结合防病、根外喷肥喷洒 3 000倍 2% 天达阿维菌素，或 3 000倍 3% 啶虫脒。

（二）草莓白粉病

【症状】　为害叶片、叶柄、果实等部位，发病部位出现一层白粉状物，幼果受害，停止发育；后期受害，果面密布一层白粉，严重影响果实质量。

【侵染规律】 病原菌称羽衣草单囊壳，属子囊亚门真菌。该病菌在北方以闭囊壳随病残体或在设施内的瓜类作物上越冬，分生孢子借风雨或人们的农事活动传播。侵染寄主后，5 天可在侵染处形成白色菌丝丛状病斑，经 7 天成熟，形成分生孢子进行再侵染。产生分生孢子的适宜温度为 15 ~ 30℃、相对湿度 80% 以上。在露地条件下湿度较低，不易发生，设施内湿度高，极易流行。发病与秧苗生长势强弱关系密切，植株健壮不易发病，植株衰弱病害严重。

【防治方法】 实行综合防治（参阅综合防治措施）。

①加强通风，适当降低设施内温度与湿度，使白天温度控制在20 ~25℃，夜晚温度控制在5 ~10℃，相对湿度控制在70% 以下，创造一个不利于白粉病侵染、不利于分生孢子发生的生态环境。

②培育健壮秧苗，坚持经常用“天达-2116”喷洒植株，每 10 ~ 15 天 1 次，连续喷洒 3 ~ 5 次。促苗健壮，提高植株的抗病性能。

③药剂防治：0. 2 ~ 0. 3 波美度石硫合剂，10% 世高 2 000倍液，40% 福星 6 000 ~ 8 000 倍液，12. 5% 特普唑 2 500 倍液，30% 特富灵 1 500倍液，70% 甲基托布津 800 倍液，20% 粉锈宁 1 500倍液。以上药液须掺加 1 000倍“天达-2116”液交替使用，以提高防效，避免产生抗药性。

（三）草莓灰霉病

【症状】 主要为害果实、叶柄与叶片，叶片染病，产生褐色水渍状大斑，微具轮纹，果柄变紫色，干燥后缢缩。果实染病，果皮呈灰白色，软腐，空气潮湿时，表面布满灰色霉状物，严重时，全果腐烂。

【侵染规律】 以菌丝体或分生孢子在病残体上、或以菌核在土壤中越冬。翌年春天产生菌丝体和分生孢子，借风雨传播。

病菌发育适宜温度范围 18～30℃，最高 32℃，最低 4℃，最适宜相对湿度 92%～95%，低温高湿利于病害的发生与流行。

【防治方法】

①加强通风，降低设施内湿度，使设施内空气相对湿度控制在 70% 以下，创造一个不利于灰霉病侵染、不利于分生孢子发生的生态环境。

②增施有机肥料，培育健壮秧苗，坚持经常用“天达-2116”喷洒植株，结合用药每 10～15 天 1 次，连续喷洒 3～5 次。促苗健壮，提高植株的抗病性能。

③药剂防治：用 50% 扑海因 1 000 倍液、或 50% 速克灵 1 000倍液、或 70% 甲基托布津 600～800 倍液，或 50% 多霉灵 800 倍液，或灰核威 800 倍液，或菌核净 600～800 倍液；或万霉灵 600 倍液，或 25% 阿米西达 3 000 倍液，或 65% 抗霉威 1 000倍液，以上药液掺加 1 000倍“天达-2116”液交替喷洒植株，或用 5% 万霉灵粉尘剂每亩温室 1 000克，或 5% 多霉灵粉尘剂每亩温室 1 000克，或 6. 5% 甲霉灵粉尘剂每亩温室 1 000克喷粉，或 25% 灰霉清烟雾剂每亩温室 300～400 克烟雾熏蒸。

（四）草莓黄萎病

【症状】　新叶的小叶黄绿色、小型化（有 1～2 片小叶极小型）、呈舟形卷缩；植株发育不良，整株叶片无光泽，叶缘变褐色；根从外侧发生褐变，不久腐烂，植株枯死。

【侵染规律】　病菌以菌丝体、后缘孢子随病残体在土壤中越冬，通过土壤和秧苗进行传播，发病温度范围 8～36℃，最适宜温度 28℃。

【防治方法】

①实行轮作，避免连茬种植。

②选择没有种过草莓的、无病菌残留的地块育苗。

③及时拔除病株烧掉。

④选用抗病品种。

⑤药剂防治。用1 000倍“天达-2116”液加3 000倍96%天达恶霉灵或加500倍甲基托布津药液浸泡秧苗2小时左右后定植。定植后随即用1 000倍“天达-2116”液加3 000倍恶霉灵药液灌根，或用1 000倍“天达-2116”液加600倍黄腐酸盐灌根。每株100～150毫升。

（五）草莓生理性缺素症

【症状】

①缺氮：新叶淡绿色，老叶叶缘变红，叶柄脆硬直立，匍匐茎红色，数量少，植株生育不良，严重时新叶黄色，老叶红色。

②缺磷：最初老叶的小叶脉呈青绿色，叶片浓绿色或暗绿色，植株发育不良，花芽分化少。严重时，叶片青铜色或紫色。

③缺钾：最初老叶叶缘红紫色，有斑驳缺绿症状，叶缘、叶尖常常坏死，有时叶片卷曲皱缩。匍匐茎发生少且短而弱。果实数量少、色淡、果肉绵软、品质差。

④缺镁：最初老叶叶脉间失绿，后叶缘变红。有时老叶叶脉间发生小红紫色斑点，最后整个叶片变紫红色。

⑤缺硼：最初幼叶皱缩，叶缘黄色，有叶焦现象，叶片小、花小、易枯萎。果实多畸形，内部褐变，植株明显矮化。

⑥缺锌：较老叶变窄，缺锌越重，窄叶越伸长，但不发生坏死现象。大龄叶常出现叶脉和叶片表面组织发红的特征。纤维状根较多。结果减少，果个变小。

⑦缺铁：最初幼叶黄化、失绿，进而变白，发白的叶片上出现褐色污斑。根系生长弱，植株生长不良。严重时小叶变白、叶缘坏死，或小叶黄化，仅叶脉绿色，叶缘和叶脉间变褐坏死。

【防治方法】

①增施有机肥料。

②适当补施所缺元素肥料。

③根外喷施：缺氮喷施0.3%尿素；缺磷、缺钾喷施0.3%磷酸二氢钾，或1%过磷酸钙浸出液，或0.3%硫酸钾；缺镁喷

施 0. 3% 硫酸镁，或 0. 4% 氯化镁；缺硼喷施 0. 3% 硼酸或硼砂；缺锌喷施 0. 3% 硫酸锌；缺铁喷施 0. 3% 硫酸亚铁。

④根部浇灌、叶面喷施“天达-2116”，促进根系发育，提高根系吸收能力和对不良环境的适应能力。

⑤土壤施用免深耕处理剂，每亩 200 克，改善土壤理化性能、提高通透性。结合整地，土壤撒施保得土壤生物接种剂，每亩 10 ~ 15 包，增加土壤中有益菌群，抑制有害菌群发育，释放土壤中被固定的肥料元素，提高土壤肥力。

（六）草莓虫害防治

设施栽培草莓经常发生的主要虫害有蚜虫、红蜘蛛等。防治方法可参照桃、杏等虫害的防治，用敌敌畏熏蒸方法进行防治。

主要参考文献

[1] 孙培博，夏树让．设施果树栽培技术．北京：中国农业出版社，2008

[2] 张占军，赵晓玲．果树设施栽培学．西安：陕西农林科技大学出版社，2009

[3] 农业部农民科技教育培训中心，中央农业广播电视学校．北京：中国农业大学出版社，2009

[4] 王进忠，等．果树病虫害防治技术问答．北京：中国农业大学出版社，2007

[5] 吴中军，袁亚芳．果树生产技术．北京：化学工业出版社，2009